Thomas H. Russel

Rasende Fluten und tobende Stürme

Die gewaltigen Kräfte der Natur

Thomas H. Russel

Rasende Fluten und tobende Stürme

Die gewaltigen Kräfte der Natur

ISBN/EAN: 9783955623500

Auflage: 1

Erscheinungsjahr: 2013

Erscheinungsort: Bremen, Deutschland

@ Bremen-university-press in Access Verlag GmbH, Fahrenheitstr. 1, 28359 Bremen. Alle Rechte beim Verlag und bei den jeweiligen Lizenzgebern.

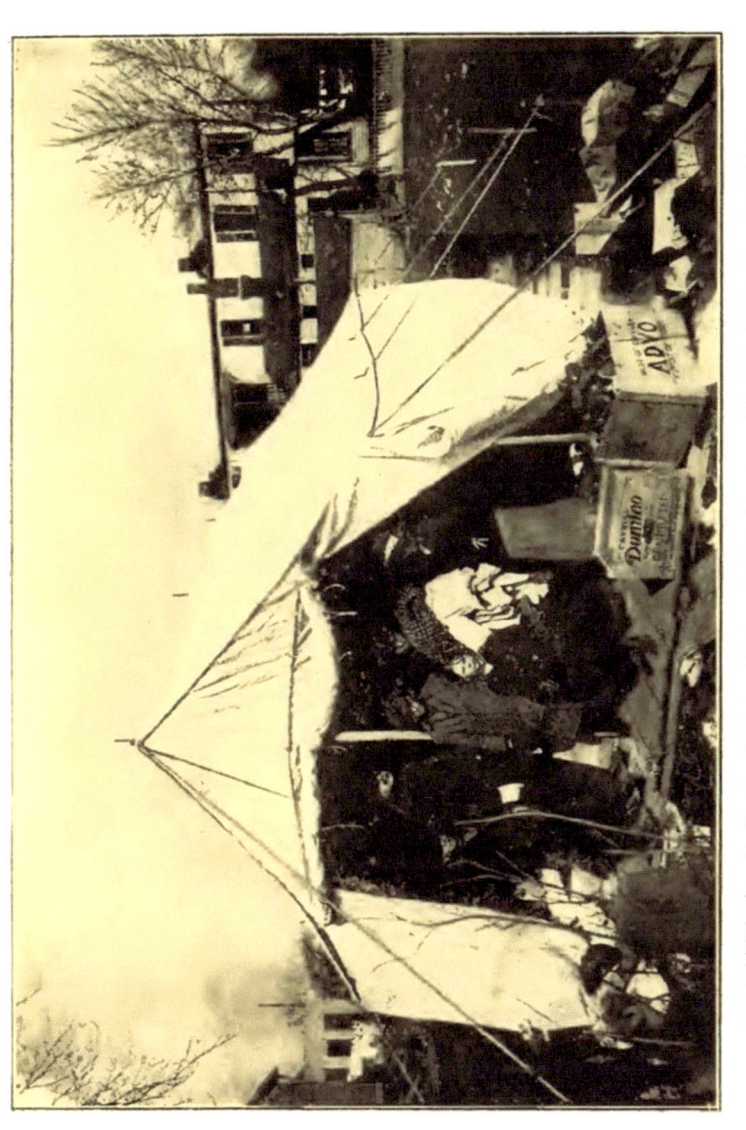

Eine Hilfsstation in Omaha, früh am Tage nach dem Sturm an 24. und Grace Str. eingerichtet, da dort die Not groß war.

„Diamond" Bandessigerfabrik an 21. und Lake Str., Omaha.

Omaha — Bemis Park Distrikt, zeigt Häusertrümmer an 24. und Lincoln Boulevard.
Die Heimstätten vieler Millionäre wurden zerstört.

Soldaten und Krankenpfleger vom Roten Kreuz an der Arbeit,
Notfallhospital sichtbar im Hintergrund.

Die Wasserwogen brausen gräulich, der Herr aber ist noch größer in der Höhe.—Pf. 93:4.

Rasende Fluten
und
Tobende Stürme

von **Thomas H. Russel, A. M., LL. D.**

Verfasser von „Das Ende der Titanic".

Ins Deutsche übersetzt von Max Heyer.

Die gewaltigen Kräfte der Natur

Eine Geschichte von schreckensvollen Tatsachen, die, weil wahrheitsgemäß geschildert, in ihrer Entsetzlichkeit ergreifender wirkt, als eine Tragödie der Phantasie, die sich auf Theaterbrettern abspielt.

Fesselnde Beschreibung des großen Tornado zu Omaha und der Hochfluten in Ohio und Indiana — Wie der Wirbelsturm entstand — Einzelne Vorgänge beim Sturm — Flammen erhöhen und vermehren die Gefahren — Herzergreifende Erzählungen von schrecklichen Szenen, bezeugt durch fliehende Menschen und Lebensretter — Flüsse verwandeln sich in rasende, unwiderstehliche Fluten — Feste Dämme krachen und bersten auseinander, und ganze Städte, Farmen und Städtchen werden von wirbelnden Wassern überflutet — Hunderte kommen plötzlich oder nach langen Angststunden um und viele Tausende werden obdachlos — Gouvernör von Ohio appellirt an das Volk — Die Nation antwortet mit prompter Hilfe — Präsident Wilson läßt einen Aufruf um Hilfe ergehen— Proviantzüge werden schnell abgesandt— Stadt und Land opfert schnell und gerne zur Hebung des Elends — Todtenliste der durch die Wirbelstürme und die Hochfluten Umgekommenen.

Lebensgetreue Illustrationen

CHICAGO
LAIRD & LEE, Publishers

Gebet

O barmherziger Gott und himmlischer Vater, der du uns in deinem hl. Worte gelehrt hast, daß du nicht gerne die Menschenkinder züchtigest und betrübest, höre auf unsere Gebete, welche wir in Demut vor dich bringen in Fürbitten für die durch die großen Ueberschwemmungen Heimgesuchten. Lasse sie in ihrem Kummer den Trost deiner Gnadengegenwart erfahren und in ihrer Ratlosigkeit die Leitung deiner Weisheit.

Ermuntre dein Volk, daß sie mit Freuden beisteuern auch zur Unterstützung und Hilfeleistung derer, die sich in Not befinden und lasse dieses große Unglück Allen zum Besten dienen, so daß sie dir näher gebracht werden und auch unter einander in Mitleiden und Liebe sich selbst immer näher kommen. Dieß Alles bitten wir dich in Demut durch Jesum Christum unsern Herrn. Amen.

(Dieses obige Gebet wurde in vielen Kirchen an dem auf die Fluten folgenden Sonntag auf den Rat von Bischof David H. Greer in New York hin öffentlich gesprochen.)

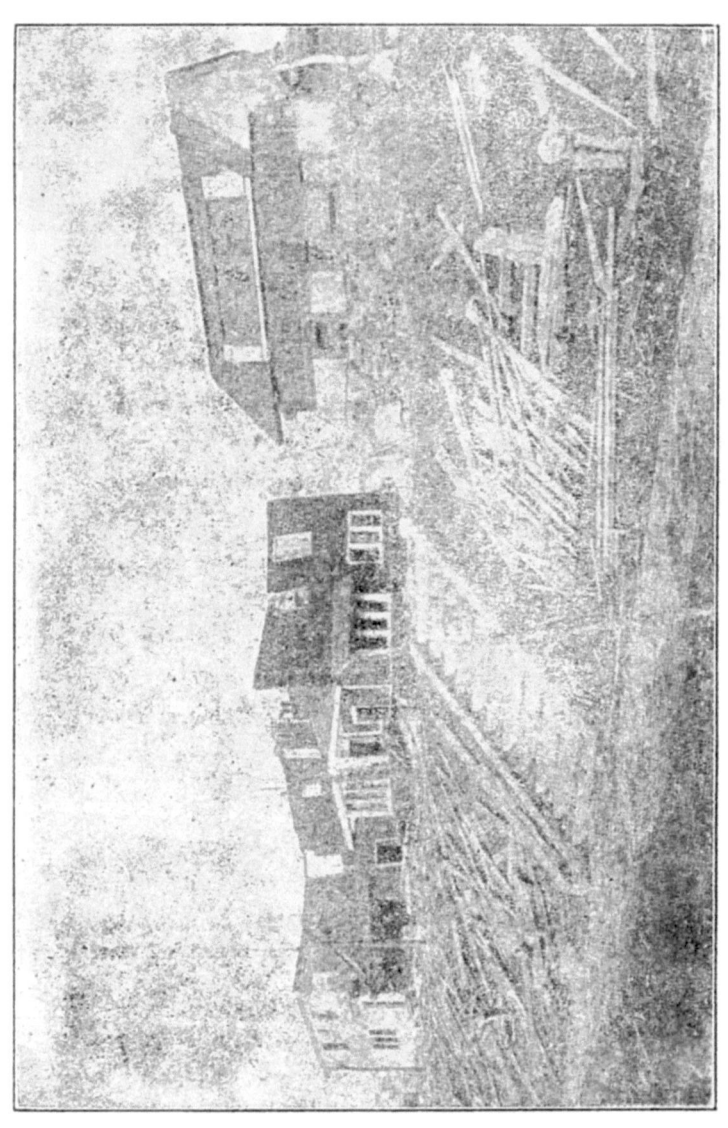

Der Reisende sitzt **Zerstörte Schlösser** mit dem Atemen im großen Durchgangsthat.

Inhaltsverzeichniß:

                                              Seite.

Vorwort 9

Kapitel I—Der Wirbelsturm in und bei Omaha.... 11
    Beschreibung des Sturmes, der die Stadt Omaha,
    Nebr., am Ostersonntag heimsuchte.

Kapitel II—In des Sturmes Pfad.............. 24

Kapitel III—Was der Gouverneur sah.......... 30

Kapitel IV—Die Rettungs- und Hilfsarbeit...... 36

Kapitel V—Wie der Sturm seinen Anfang nahm.. 45

Kapitel VI—Einzelne Vorfälle beim Tornado...... 51

Die Hochfluten in Ohio und Indiana—

Kapitel I—Ein Unglück auf das andere.......... 75

Kapitel II—Ein nationales Unglück.............. 81
    Die ersten Berichte vom überschwemmten Distrikt
    waren durch Furcht und Schrecken übertrieben—Die
    wirklichen Ereignisse geschildert—Ursachen der Flu-
    ten: Die Flüsse waren durch schwere Regen aus-
    getreten.

Kapitel III—Eine Nacht der Schrecken........... 90
    Lange und bange Stunden für unter Wasser gesetzte
    und isolirte Bewohner—Dayton abgeschnitten von
    der Außenwelt—Gouverneur Cox appellirt an die
    Wohltätigkeit—Rettungsarbeit beginnt.

Seite.

Kapitel IV—Die Ausdehnung der Ueberschwemmung 96
Erklärung von Gouverneur Cox—Daytons Not hat ihresgleichen nicht—Viele Frauen und Kinder in Gefahr.

Kapitel V—Als die Wasser fielen und sich verliefen..105
Vierter Tag der Flut—Die Wasser fallen und die Retter sind geschäftig—Kriegsgesetze werden in Anwendung gebracht und ein Ueberblick der Lage gegeben.

Kapitel VI—Ein kurzer Tagesbericht von der Flut..115
Erzählung von den Flutzuständen im Allgemeinen, wie sie von Tag zu Tag sich ereigneten.

Kapitel VII—Erzählungen von Augenzeugen......120
Aufregende Erfahrungen von Leuten, die durch die überfluteten Gegenden von Ohio und Indiana reisten.

Kapitel VIII—Was ein Korrespondent sah........135
Kurze interessante Erzählungen von einem auswärtigen Berichterstatter.

Kapitel IX—Ereignisse während der Ueberschwemmung 152
Erzählungen voll Pathos und Schrecken.

Kapitel X—Die Flut in Columbus..............171

Kapitel XI—Die Flut in Piqua................179

Kapitel XII—Die Flut zu Tiffin...............182

Kapitel XIII—Indianapolis überflutet..........186

Kapitel XIV—Die Flut in Peru................188

Kapitel XV—Andere überflutete Städte.........190
Einzelheiten von Fluten in vielen Städten Ohios, Indianas und anderswo.

Tobende Stürme

Seite.

Kapitel **XVI**—Hilfsmaßregeln 202
Uncle Sam und das amerikanische Volk tun Schritte um den Obdachlosen und Leidenden zu helfen.

Kapitel **XVII**—Was man nach einer Ueberschwemmung tun soll 213
Dr. W. A. Evans, vormaliger Gesundheitsbeamter von Chicago, Ratschläge in der „Chicago Tribune".

Kapitel **XVIII**—Die Lehren, die uns die Fluten geben 217

Kapitel **XIX**—Was einige Kanzelredner von diesen Unglücksfällen sagten 233

Kapitel **XX**—Anhang, die Liste der durch den großen Wirbelsturm und die Hochfluten Getödteten 238

8 Rasende Fluten

Die Nebraska Staatsmiliz sucht sich in einem heftigen Schneesturm warm zu halten. Gouv. Morehead beorderte ein Regiment zum Dienst unmittelbar nach Empfang der Nachricht vom Einrauschaden und die Farmersjungen taten große und heroische Arbeit.

Vorwort.

Wieder führt eine Geschichte von schrecklichen Ereignissen der Welt die gewaltigen Mächte der Natur, in Stürmen, Hochfluten und Feuer vor Augen, die ganze Städte, Farmen und Städtchen verwüstet und Hunderte von Menschenleben hinweggerafft und Tausende von Familien obdachlos gemacht haben. Es ist eine Geschichte von verwüsteten Häusern und Farmen, zerstörten Eisenbahnen und Dämmen und Vernichtung von Eigentum im Werte von vielen Millionen. Was ist der Mensch mit allen seinen Werken solchen Naturgewalten gegenüber? Tröstlich wirkt es noch diesem Unglück gegenüber von der allgemeinen Opferwilligkeit, die bei dieser Geschichte von Not und Tod offen zu Tage trat, zu lesen; Opferwilligkeit und Heldenmut Vieler, die Sturm-, Flut- und Feuersgefahren sich aussetzten, um die Menschenleben Unglücklicher zu retten. Sympathie und Opferwilligkeit von Hilfsgaben, die von allen Städten und Staaten und dem fernen Hawaii und Alaska herbeiströmten zur Linderung der Not.

Dieses Buch berichtet auch von den verschiedenen Maßregeln, die das Bundesoberhaupt und die Staatsregierungen der heimgesuchten Gegenden getroffen haben, um die große Not zu lindern, noch drohende Gefahren abzuwenden, ähnliche Unglücksfälle zu verhüten.

Und wenn diese Pläne durchgreifend verwirklicht und dadurch das kostbare Leben von Tausenden von Menschen vor einem bösen, schnellen Tode bewahrt werden kann, so sind auch die armen Opfer dieser Heimsuchung nicht ganz umsonst gestorben.

Der Tod fährt auf dem Sturme

„Es ist der Herr, deß Wege im Sturm und Wetter sind; Er ist gütig und eine Feste zur Zeit der Not für die, die auf ihn trauen.—Nahum 1:3, 7.

Kapitel I.

Der Wirbelsturm in und bei Omaha.

Deutliche Beschreibung des Wirbelsturmes, der die Stadt Omaha in Nebraska am Ostersonntage verheerte.

Tod und Zerstörung, die in der Geschichte Omahas noch nie erlebt worden waren und ein Verlust von Eigentum, der sogar die St. Louiser Sturmheimsuchung im Jahre 1896 überstieg, traf Omaha und Umgegend am Ostersonntag durch einen schrecklichen Wirbelsturm, der einen breiten und gräulich anzusehenden Streifen durch die große Nebraska-Stadt spät am Nachmittage des Feiertages, dem 23. März 1913, mähte.

Es war ein balsamisch duftender Frühlingstag mit flüchtig erscheinendem und verschwindendem Sonnenschein und drohenden Gewitterwolken die Regenströme vom Himmel schossen und dann in einem Augenblick sich zu einem Ungeheuer der Zerstörung und entfesselten Orkan der Vernichtung entwickelten. Und dann als die Todten nach den Morgues gebracht waren, und die Verletzten in den Trümmern stöhnten und die gelben Wolken glühten von dem roten Widerschein hunderter von brennenden Häusern, erinnerte man sich, daß es Ostersonntag sei.

Sturmanzeichen, die von Niemand erkannt wurden, hingen den ganzen Tag hindurch über dem Missouritale und ein Riesenwirbelsturm erhob sich plötzlich um 5.45 Uhr als ein Zeichen der aufrührerischen Elemente.

Der Winddämon flog schnell über die südwestlichen Prärien daher und trieb einen schrägen Lauf durch den

12 Rasende Fluten

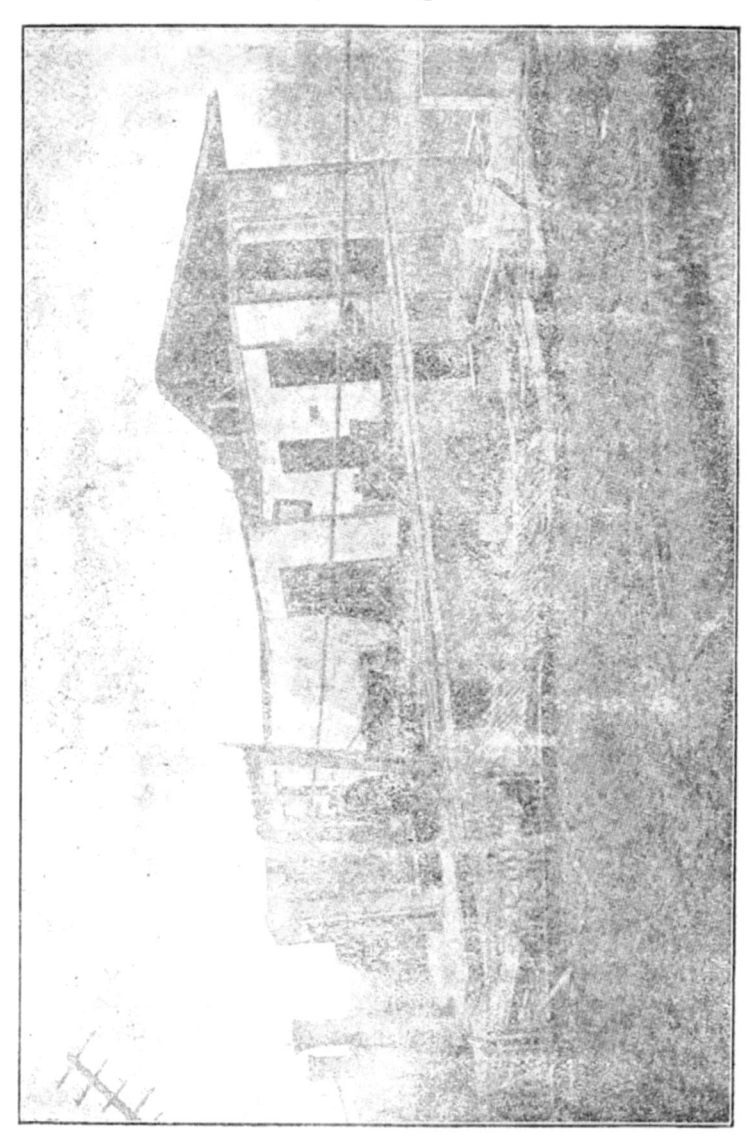

Heimstätte von August Carians, 4402 Leavenworth Straße

Residenzdistrikt nach Nordost, kreuzte den Fluß nahe bei der Illinois Central Brücke und ließ seine halb verbrauchte Kraft an Council Bluffs aus.

In seinem wütenden Laufe ließ er eine Todtenliste von 115 Menschen in Omaha allein, beinahe 2000 zerstörte Heimstätten und einen Totalschaden und Verlust von über 8 Millionen in der Großstadt zurück.

Vor und nach seiner schreckenerregenden Wirbelfahrt durch Omaha hatte der grimme brausende Dämon eine grauenerregende Ernte an Menschenleben und Eigentum in der Umgegend von Nebraska und Iowa eingeheimst; aber es war in dem dichtbevölkerten Omaha, wo seine furchtbare Gewalt wegen der eng zusammenstehenden Häusermassen am schlimmsten und schärfsten fühlbar wurde.

Die großen, schönen und modernen Residenzen der Bewohner von W. Farnham Hill litten unter dem Sturm ebenso sehr wie die einfachen Häuser und Häuschen der Westseite und die festen Gebäude von Bemis Park und dem nördlichen Omaha. Groß-Industrielle sahen wie ihre Gebäude zusammenklappten wie Pappendeckelhäuser der Kinder; Transportgesellschaften sahen ihre vortrefflichen Systeme völlig lahmgelegt; städtische Feuerwehr und Polizeiverwaltung mußten ihre völlige und demütigende Hilflosigkeit erkennen. Die Bundestruppen und die Staatsmilizen in Omaha, die in den Dienst nach diesem unbegreiflichen Unglück gerufen wurden, fanden, daß sie lange nicht ausreichten.

Wurde für sturmsicher gehalten.

Omaha wurde lange schon wegen seiner Barrikaden, die die Stadt umgebenden Hügel bildeten, für sturmsicher gehalten, aber dieser eingebildete Schutz erwies sich als ein armseliges Machwerk. Der Wirbel über eine halbe Meile breit, sauste über die Hügel hinüber und hinunter mit der abgemessenen und tödtlichen Genauigkeit einer ungeheuren Mähmaschine. Auf seinem entsetzlichen Pfade entkam ihm nichts. Daß die sorgfältig ausgefertigte Todtenliste nicht viel größer war, ist unerklärlich. Die gänzliche Vernichtung ganzer Häusergebierte von Residenzen liefert einen sichtbaren Beweis von der unwiderstehlichen Gewalt des mächtigen Wirbelsturmes.

Der Geschäftsdistrikt blieb beinahe gänzlich unberührt, aber der kostbare und stolze Residenzteil der Stadt wurde zum größten Teile nur ein trauriges Erinnerungsdenkmal ehemaligen Glanzes. Straßen und Boulevards waren mit Trümmern so übersäet daß ein Durchgang selbst zu Fuße beinahe unmöglich war und Straßenbahn- und Telephondienst war zwei Tage lang beinahe zu Nichts geworden. Kraftwagen und andere Fuhrwerke waren ebenso hilflos und die Großstadt war auf mehrere Tage noch nicht gänzlich zum vollen Verständniß gekommen, welchen großen Schaden die Naturgewalt innerhalb ihrer Mauern angerichtet hatte.

Der große Sturm fuhr in Omaha ein nahe 51. und Centerstraße; zerschlug die Hügelspitze von Farnam Hill nahe 39. Straße, mähte weiter bis zur 16. und Menderson Straße, fegte dann ostwärts über den Missouri und schwang sich dann südlich nach Council Bluffs.

Szenen von Schrecken und Verwüstung ließ das Windungeheuer durch die Stadt zurück. Als er zuerst bemerkt wurde, schien er sich südwestlich von Ralston zu bilden und kam hissend über den Lane Pfad gerade westlich, wo die Nordwestern Black Hills Linie unten durchführt. Er trug mit sich das ganze Dach einer großen Scheune oder

Tobende Stürme 15

Prominente katholische Schule an 36. und Cuming Str., theilweise zerstört.

Wohnung, welches in den Lüften flatterte, wie eine ungeheure und gespensterhafte Krähe.

Er schwebte in das Tal des kleinen Papillionbaches herunter, drehte plötzlich nach Osten und fuhr der Missouri Pacific Eisenbahn entlang, stürzte sich über den West Lawn Friedhof und mähte einen breiten Schwaden zwischen Concordia Park und der Stadtgrenze. Tod und Zerstörung ließ er zurück.

Einige persönliche Erlebnisse.

Eine Gesellschaft von fünf Omahaer Geschäftsleuten kehrte von einem Ausflug nach Millard auf der Center Straße zurück und die fünf wurden direkt auf dem Sturmwege überrascht. Sie retteten sich damit, daß sie in das schmutzige Bachbett des kleinen Papillion sprangen und sich an den Wurzeln von Bäumen festhielten. In der Gesellschaft befand sich Rob. D. Neeley und Charles McLaughlin von der Advokatenfirma Neely und McLaughlin, H. F. Neely von der Equitable Life Insurance Co., und Wm. Marsh.

Diese Gesellschaft folgte dem Weg den der Sturm genommen hatte, dem Missouri Pacificgeleise entlang bis 48. und Leavenworth Straßen.

Kaum hatte der Wirbel sich fortbewegt, so goß es vom Himmel in Strömen, begleitet von Hagel und Schlossen. Der erste Gedanke von angerichtetem Schaden kam mit den dunkelroten Feuerwolken, die überall auf dem Wege, den der Sturm genommen hatte, ausbrachen.

Ein neuer Paul Revere.

Ein schmächtiger Farmerjunge, dessen Gesicht von Blut überronnen war, kam im Galopp auf einem ungesattelten Pferde die Straße heruntergeritten. Er hielt an einem Logirhaus am Concordia Park an.

„Vater ist in den Ruinen und unser Haus brennt, schluchzte er. Könnt ihr Omaha mit Telephon verbinden? Ich muß die Feuerwehr und mehrere Männer mit Aexten haben."

Man sagte ihm, daß die Telephonverbindung zerstört sei. Er bestieg sein Pferd wieder und ritt weiter nach der Stadt. Den Lärm, den der Regen, Wind und Schloßen machten, übertönte sein wahnwitziges Lachen. Er wollte noch nicht einmal sagen, wer er wäre oder wo die Ruinen seines zerstörten Hauses den Körper seines Vaters dem Feuertode überlieferten.

Frau Henry Olson, schleppte sich hysterisch weinend wenige Minuten später in die Herberge und zeigte bloß mit ihrem Finger durch den Sturm auf einen Feuerschein, der für sie den Ruin ihrer Heimstätte bedeutete. Sie war eine Wittwe und verlor Alles. Sie konnte nicht sagen wie sie dem Sturme entgangen war. Ihr Haus stand nahe bei dem Gottesackereingang West Lawn und sie wurde buchstäblich hinausgeblasen.

Telephon- und Telegraphpfosten fielen über Centerstraße und das verwirrte Netz von Drähten machte die Rettungsarbeit unmöglich. Ein Haus nach dem andern ging in Flammen auf, weil die Oefen in den Häusern umgestürzt waren. Zwanzig Minuten nach dem Verschwinden des Sturmes zählten die Leute siebzehn verschiedene Feuer, außer der großen Feuersbrunst auf der Westseite und in Omaha. Dieses waren die verschwindenden Heimstätten von armen Leuten oder wenigstens Leuten von beschränkten Mitteln. Außer diesen Feuerverlusten hatte der Sturm alles im Tale vollständig kahlgefegt. Die Geleise und Straßen waren mit Trümmern bedeckt.

Szenen auf der Westseite.

Rufe, Schreie und Jammerlaute kamen aus allen Richtungen entlang der Missouri Pacific Eisenbahn von Center bis Leavenworth Straße, aber Rettungsarbeiten waren beinahe unmöglich. Manche Männer und Frauen waren hysterisch geworden und klagten nur um zu klagen, wußten aber nicht was ihnen fehlte, oder womit man ihnen hätte helfen können.

Ein Mann, Namens Kreimer, der nur wenige Worte englisch sprechen konnte, kam taumelnd einen Hügel während des Sturmes herunter und bei dem flüchtigen Leuchten des Blitzes sahen die Leute daß er von seinem Hause kam. Dieses war umgestürzt und sah wunderlich aus wie ein Betrunkener, der einen neuen Zylinderhut trägt. Kreidmer wohnt oder vielmehr wohnte an 49. und William Straßen und seine Frau und zwei Kinder waren verschwunden. Die Gesellschaft suchte nach Frau und Kindern im Hause und um dasselbe herum, konnte aber von den Vermißten keine Spur finden. Kreidmer hatte gerade erst das Haus gebaut und war wenig bekannt in der Nachbarschaft. Er hatte keine Idee, wo seine Familie sein konnte, da er beim Anfang des Sturmes nicht zu Hause war. Der Mann war wahnsinnig vor Schmerz und Gram und warf sich in den mit schmutzigem Wasser bedeckten Graben neben dem Geleise. Er wollte sich nicht trösten lassen.

Zwischen Poppelton Avenue und Leavenworth Straße stand eine lange Reihe schwerbeladener Kohlenwagen auf einem Seitengeleise. Gegen diese war wenigstens ein halbes Dutzend Häuser, die vorher auf dem westlichen Hügelabhange gestanden hatten, geblasen und zerschmettert worden. Die Zerstörung war eine vollständige und die Oefen hatten eine lange Reihe Feuer entzündet, welche

Tobende Stürme

von der Entfernung einen hübschen und doch traurigen Anblick boten. Die Flammen fraßen gierig an den Kohlen, die mehrere Tage lang brannten.

In diesem Trümmerhaufen konnte man jeden Artikel des Haushalts deutlich sehen. Ein Holzsplitter, der offenbar von einem der Häuser losgerissen war, wurde vom Winde so fest in einen der Kohlenwagenseiten hineingetrieben, daß man ihn nicht einmal bewegen konnte.

Jener Teil Omahas als Westseite bekannt, war beinahe vollständig ruinirt und zerstört. Die Wohnhäuser und Ladengebäude, die nicht vom Wirbelsturm zertrümmert worden waren, wurden durch die vielen Feuer zerstört, die nach dem Sturm ausbrachen. Viele wurden getödtet und verletzt.

Ein Notfallhospital.

Die Westseite Station der Missouri Pacific Eisenbahn und das Switch Häuschen nahebei wurden zu Notfallstationen und Hospitäler verwandelt und waren überfüllt mit Verletzten. Ein Apotheker gab die erste Hilfe, die er vermochte und man versuchte von der Eisenbahn einen Hilfszug zu bekommen; aber die Tatsache, daß das Rundhaus in Nord Omaha zerstört war, machte dies beinahe unmöglich. Eine Lokomotive nebst Wagen kamen endlich an und brachten Aerzte und Kleider.

Jammervolle Berichte wurden von der traurigen Menschenmenge im Sektionshause gegeben.

L. F. Poppleton, 4952 Poppleton Avenue, angestellt in der Tapetenabteilung von Hayden Bros. Läden, kehrte nach Hause zurück und fand, daß sein Haus gänzlich verschwunden und seine Frau und drei kleine Kinder fort waren. Sie wurden später, verletzt, im County-Hospital gefunden.

20 Rasende Fluten

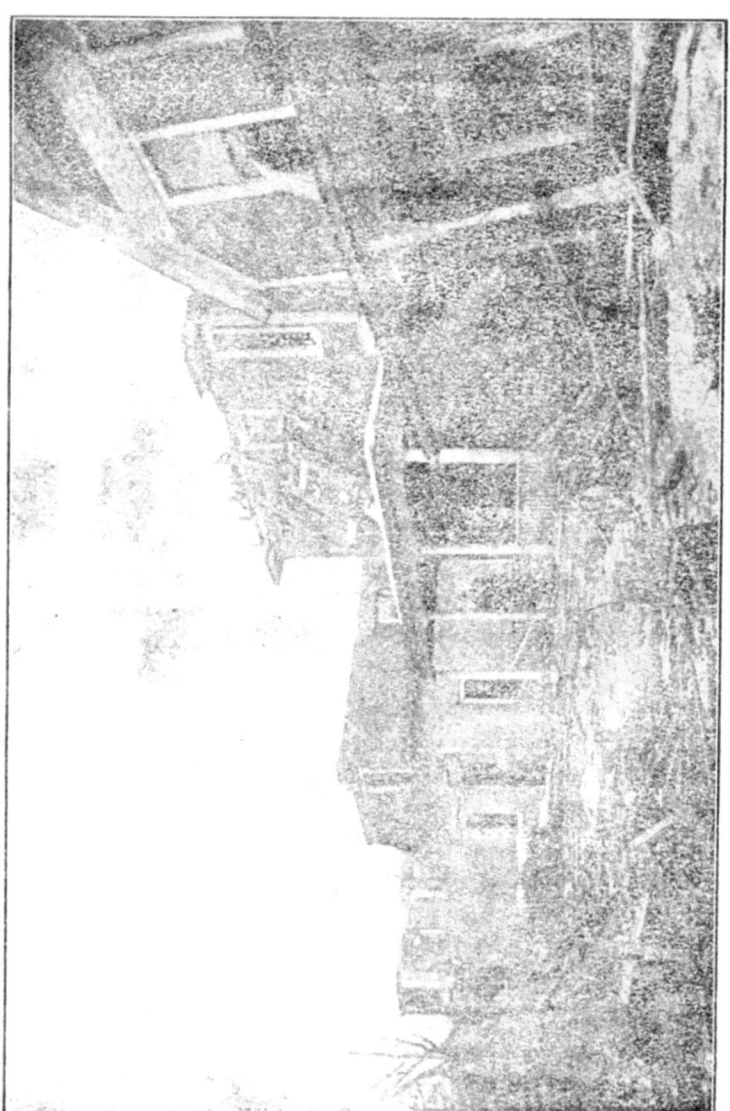

Am 25. und Patrick Ave., Die Mittelklasse hart betroffen. wo eine große Anzahl von Leuten mit kleinem Gehalt wohnten, zerstörte der Sturm beinahe Alles. Ein paar Häuser wurden verschont.

C. E. Walsh, 1314 Süd 48. Straße, trug seinen kleinen Jungen und geleitete seine Frau von der Straßenbahn-Car nach ihrem Hause, als der Sturm ausbrach. Alle drei wurden auf den Boden geworfen und gewälzt und beinahe drei Block weggeweht und ernstlich geschnitten und gequetscht.

John Hanson, ein Carreiniger, der an 48. und Maberry Avenue wohnte, wurde in seinem zerstörten Hause getödtet und die Leiche seiner Frau wurde in den verbrannten Ruinen gefunden.

Fred Nash, 4535 Leavenworth Straße, wurde mit seiner Frau und 3 Kindern in den Trümmern ihres Hauses begraben durch den Sturm. Erwin, ein 3 Jahre alter Knabe, war schlimm verletzt; aber ein vier Wochen altes Kind wurde unverletzt aus den Trümmern gezogen.

Gänzlich zerstörte Häuser.

An der 48. und Pacificstraße wütete der Sturm ganz besonders heftig und der Schaden war groß. Zwölf Häuser meistens von den Bewohnern selbst geeignet, waren gänzlich zerstört, zuerst von dem Sturm zertrümmert und dann mit allem ihrem Inhalt von Feuer zerstört, das durch umgestürzte Oefen entstanden war. Acht Einwohner wurden sofort getödtet und über zwanzig mehr oder minder schwer verletzt.

Der Wirbelsturm verschonte das Countyhospital, aber alle Außengebäude wie Remisen, Scheunen und Ställe, die zur Anstalt gehörten, wurden zerstört. Acht Kühe in einer der Scheunen wurden aus den Trümmern mit großer Schwierigkeit herausgerettet.

Zwei große Schornsteine auf dem Columbia Schulgebäude stürzten um und schlugen durch das Dach des Gebäudes.

Eine Straßencar wurde an 48. und Leavenworth Straße umgeworfen. Als der Motorführer den Wirbelsturm kommen sah, sprang er ab und rannte, aber L. F. Stover, der auf der Car war, versuchte sie zu handhaben und ließ die Car in einen Einschnitt auf der andern Seite der Eisenbahn weiter den Hügel hinauf laufen. Ehe er dahin kommen konnte, traf der Wirbelsturm die Car und Stover wurde schmerzlich geschnitten durch fliegende Glasscherben und Splitter. Ein kleines Kind wurde in dieser Car in seines Vaters Armen liegend getödtet.

Charles Clavier 4669 Leavenworth Straße, saß mit seiner Frau und 18 Jahre alten Tochter zu Tisch als das Haus über ihnen zusammenstürzte. Sie krochen alle schlimm zerquetscht aus dem Hause hervor.

Ambulanzen konnten die schwer geschlagene Gegend lange nicht erreichen wegen der gestürzten Pfosten und gefallenen Drähte.

Diejenigen, deren Wohnungen unbeschädigt geblieben waren, thaten Alles was sie vermochten, um den Beschädigten und Obdachlosen ihre Lage zu erleichtern, aber die Hilfsarbeit war nur langsam und schwierig, da alle Telephonverbindung abgeschnitten war.

Omaha, Nebr.

Omaha, Nebr., die größte Stadt von Nebraska, Hauptstadt von Douglas County, liegt an dem Missouriflusse, der von einer 2,750 Fuß langen Eisenbahnbrücke überspannt wird. Die Stadt liegt in einer Ebene 80 Fuß über dem Flusse; die Ebene geht allmählich in steil abfallende Hügel über. Der Geschäftsteil der Stadt liegt in der Ebene, während die Hügel von geschmackvollen Heimstätten eingenommen sind. Die Stadthalle, New

York Life Insurance Co's Gebäude, Boyd's Theater, St. Josephs Hospital, Handelskammer, Staatsasyl für die Taubstummen, Creighton College, ein medizinisches College und über hundert Kirchen sind unter den wichtigsten Gebäuden zu nennen. „The Bee" ist die bedeutendste zwischen San Francisco und Chicago erscheinende Zeitung. Omaha steht neben Chicago und Kansas City als Viehmarkt da; es hat ungeheure Anlagen für lebendes Vieh, die über 200 Acker bedecken, und große Schlachthäuser für Rindvieh und Schweine und ist die dritte Stadt an Bedeutung wegen der Schweinefleischprodukte. Hauptmanufakturenwaaren sind Leinsamenöl, Dampfkessel, Geldschränke, Säcke, Seife und Bier. Die größten Silberschmelzwerke der Welt befinden sich in Omaha; dieselben verbrauchen ein Viertel des Silbererzes, das in den Ver. Staaten gewonnen wird. Das Militärdepartment des Platteflusses, das einen Flächenraum von 82½ Acker umfaßt, mit feinen Kasernen befindet sich nahe der Stadt. Die öffentlichen Schulen werden aufrecht erhalten mit einem Kostenaufwand von $1,500,000; die Gebäude bestehen aus 49 Klassenschulen und einer Hochschule; außerdem hat die Stadt eine öffentliche Bibliothek, Creighton College hat zwei; die Y. M. C. A. eine (sechs andere Bibliotheken gehören Logen und Vereinen)) und eine feine Kunstgallerie. Vierzehn Haupteisenbahnlinien laufen in die Stadt und haben zwei prächtige Stationsgebäude. Omaha wurde gegründet im Jahre 1854, und wuchs schnell zu einer der leitenden westlichen Städte heran. Sie hat 124,096 Einwohner.

Kapitel II.

In des Sturmes Pfad.

Um Omaha die nicht beneidenswerte Auszeichnung zu verschaffen, die Szene des verheerendsten Tornados in den Ver. Staaten zu sein, nicht einmal den in St. Louis vor 10 Jahren ausgenommen, hat der große Wirbel vom Ostertag deutlich seinen Pfad verzeichnet, dessen Breite nach Fuß und Zollen gemessen werden kann. Große Residenzen und Gebäude waren so glatt entzwei geschnitten, daß ein Mathematiker seinen Zirkel und Zollstock um den genauen haarscharfen Schnittrand des Sturmes zu bestimmen, nehmen kann.

So weit man bestimmen kann, begann der Wirbel seinen Schreckenslauf irgendwo in Caß County, indem er das Dorf Yutan hinwegfegte und dann durch Waterloo und Ralston fuhr. Sein Zick-Zack-Lauf war verwirrend — und viele Städte berichten Verluste, welche anzeigen, daß der Hauptstamm des Wirbelsturmes fortwährend kleinere Wirbel abgab, die als Flanken absichtlich ihre tödtlichen Streiche überall rechts und links austeilten, um das ganze Territorium zu verwüsten. Gretna und Union und Berlin fühlten die Gewalt des Sturmes, aber die Hauptverwüstung lag im Pfade der großen, breiten mächtigen Wolke, die in Omaha beinahe genau an der Stadtgrenze an Centerstraße einfuhr.

Am Anfang des Sturmes.

Die östliche Grenze des verwüstenden Laufes an diesem Punkte schien das County Hospital und Armenfarm zu sein. Obgleich das Hauptgebäude mit seinen hunderten von hülflosen Insassen glücklicherweise verschont wurde, wurden doch alle Scheunen und Außenhäuser aller Art rein weggefegt. Ehrgeizige Golfspieler an den „Field Club Links" und der Veranda des Clubhauses sahen den Verlauf der Zerstörung, die westliche Grenze lag an der Falls City Zweiglinie der Missouri Pacific entlang bis 48. und Leavenworth Straße erreicht war, wo der Tornado sich noch weiter nordöstlich wandte und die Hügel nach dem modernen Farnam Hill Residenzdistrikt hinaufstürmte. An diesem Punkte war der Pfad ungefähr fünf Block breit und nichts als Ruinen blieb übrig in seinen Grenzen. 41. Straße und 38. Straße schienen die Grenzlinien an Dodge Str. zu sein.

Aber ein kleinerer Wirbel löste sich vom großen, indem er über diesen Hügel ging und fegte mehrere Block lang den Abhang hinunter, die Beltlinie entlang gegen Walnut Hill. Glücklicherweise waren wenig Häuser oder Gebäude diesen Pfad entlang, der kleine Wirbel verzog nach oben, ehe der dicht besiedelte Distrikt von Walnut Hill erreicht war.

Die Schleppe des Sturmes schlug Farnham Hill nahe an 40. Straße und lief nordöstlich durch Bemis Park gerade östlich vom Methodistenhospital, welches unbeschädigt blieb. Die große Garage der Packard Company an der Vierzigsten Straße war das erste totale Wrack mit Trümmern von zerbrochenen Maschinen und Brickmauern. Westlich von Vierzigster Straße wurden ein paar Häuser zerstört und südlich an Vierzigster, beinahe an die St. Cäcilie Kathedrale, welche fast unberührt blieb, wurden schöne Residenzen auf beiden Seiten der Straße zerstört; unter diesen befand sich Dr. A. B. Somers Haus, die Apotheke von Barnes und Richter Slabaugh's Residenz.

Die zurückgelassenen Trümmer.

Neununddreißigste Straße lag voll von zerrissenen Häusern von Farnam bis Hrn. Joslyn's $100,000 Heim, von welchem Steine herausgerissen, Fenster zerschlagen, das Dach teilweise abgedeckt und die Garage arg zerstört wurden. Die meisten Häuser an 39. Straße wurden bis zu diesem Punkte schlimm mitgenommen. Nordöstlich steuernd, schlug die Schleppe die 38. Straße, wo von Dodge nördlich bis Webster Straße die großen Residenzen verschiedene Grade von Zerstörung aufwiesen. Saundersschule im Tale westlich von Vierzigster Str. hatte ein großes Loch im Dache und ausgeschlagene Fenster. Sacred Heart Convent war sehr schlimm beschädigt, ein Teil des Daches war fort, die Mauern unsicher und die Fenster leere Höhlen. Von 37. Straße an Burt Str. östlich bis 34. Str. war die Verwüstung schrecklich. Heimstätten von W. F. Baxter und T. B. Norris waren zu Feuerholz für den Ofen geworden. Häuser waren entzwei geschnitten, die Schlafzimmer und Betten lagen bei den ausgerissenen Seitenwänden und die Trümmer in den Straßen. Der Trümmerstreifen kreuzte Cuming Straße ungefähr an der 36. Straße. Während das Hospital unbeschädigt geblieben war, hatte der Sturm die Vorderseite von F. H. Rushtons Haus herausgerissen und die kahlen Wände stehen lassen. Der Wirbelsturm traf Lincoln Boulevard bei 35. Straße am Dresherhaus und von da östlich waren alle Häuser zu Trümmerhaufen geworden vom Park Distrikt an. An Hawthorne Straße fuhr der Wirbel gerade westlich von 34. Str. an das Heim von W. A. Case, schlug alle Fenster heraus und beschädigte anderweitig sein Haus und das von J. C. Buffington, aber die größte Wut ließ der Sturm an den Häusern westlich von dem Boulevard nach Norden zu aus, indem er dieselben an

Tobende Stürme 27

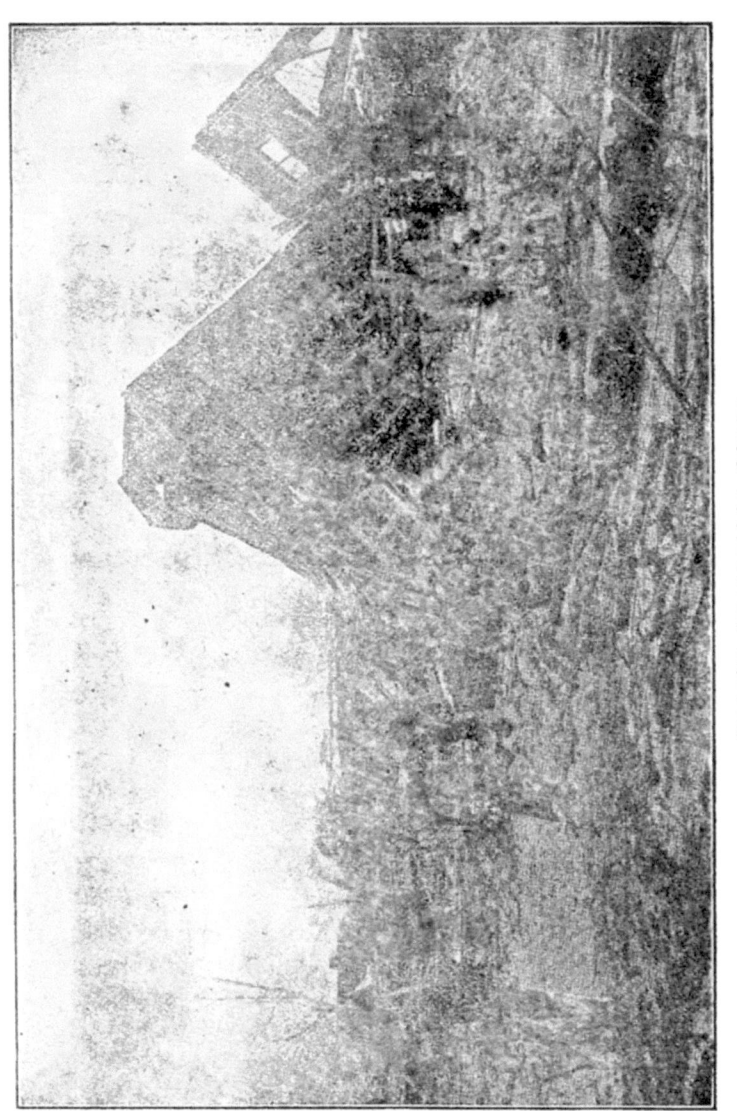

Deutsch-Lutherische Kirche.
Ein Gotteshaus an 28. und Parker Straße, total zertrümmert. Ueber 200 Menschen hatten dem Oster-gottesdienste eine halbe Stunde vor dem Eintreffen des Sturmes beigewohnt.

34. Straße bis Lincoln und Myrtle Avenues dem Erdboden gleich machte. Lafayette Ave. auf dem Hügel, blieb unbeschädigt, da der Sturm dem Tale folgte. Dann erhob er sich gegen Nordosten.

Beinahe direkt nördlich sich richtend den Hügelkamm entlang, der als Omahas bester Residenzdistrikt bekannt ist, fuhr der Wirbel in den Bemisparkdistrikt hinein und richtete in dieser schönen Wohngegend eine schauerliche Verwüstung an. An diesem Punkte war der Trümmerstreifen ungefähr zwei Häusergebierte breit und erstreckte sich nordöstlich nach der 24. und Burdettestraße, östlich von 33. Straße. Der Sturm folgte der Hügelausbuchtung und Burdette Straße war sozusagen die südliche Grenze des Trümmerstreifens an 24. Straße. Von da eilte der Sturm nord- und ostwärts von der 24. Straße durch Kountz Platz über die 24. und Lakestraße, wo viele Menschen umkamen und von da fuhr er querüber nach Sherman Avenue.

Zerstörte ein Lokomotivenrundhaus.

Bei der Kreuzung von Sherman Avenue erstreckte sich die Bahn des Verderbens von Binney Str. südlich bis zur Emmet Str. im Norden und kaum irgendein Gebäude blieb verschont. Ueber die Höhen in die Eisenbahnanlagen hinüberschlagend, zerstörte der Sturm das Missouri Pacific Rundhaus, ließ seine Wut an den Lokomotiven aus und sauste dann über Carter Lake und die Ost Omaha Tiefländereien hinweg.

Ein schrecklich schönes Schauspiel bot der Sturm, als er über den See fuhr, als er das Seewasser in die Höhe saugte und eine hohe Wasserhose bildete. Die an dem Seeufer entlang stehenden Häuser und Häuschen wurden meistens zerstört, die Illinois Central Eisenbahnbrücke weggerissen und Dutzende von Wahnhäusern in Trümmerhaufen verwandelt. An diesem Punkte soll die Sturmbahn beinahe eine halbe Meile breit gewesen sein.

Ueber den Missourifluß hinüberbrausend, schlug der Wirbel die Hügelhöhen und schien sich nach Süden wenden zu wollen. Daß dies der Fall war, ist augenscheinlich von der Verwüstung die er in der Stadt Council Bluffs anrichtete, welches berichtete, daß der Sturm von Norden kam.

Zu derselben Zeit kreuzte ein anderer Ausläufer des Hauptsturmes den Fluß in Sarpy County und schlug den Mosquitobach, fuhr über den See Manawa und die zerstreuten Wohnhäuser und Farmen in jener Gegend hindurch. Eine neue Wassersäule konnte man auf dem Manawa See sehen. Dieser vergleichsweise kleine Wirbel verschwand, nachdem er das Werk der Zerstörung angerichtet hatte.

Andere Wirbel wurden überall in den Tälern des Missouri= und Platteflüsse beobachtet und zeigten die mit Elektrizität beladene Atmosphäre in und bei Omaha an.

Kapitel III.

Was der Gouverneur sah.

Als die verspäteten Nachrichten vom Unglück in Omaha in dem Staatsgebäude Gouverneur J. H. Morehead in Lincoln spät am Abend erreichten, wurde sofort ein Spezialzug beordert und über die Prärien nach der heimgesuchten Stadt mit höchster Eile gesandt. In demselben befanden sich General-Adjutant Phil. Hall von den Nebraska Nationalgarden, Repräsentant E. D. Mallory und Nels Updike von Omaha mit andern, die tuf das dringende Ersuchen von Mayor James C. Dahlman gingen, der der erste war, der die große Ausdehnung des Unglücks erkannte.

Begleitet von Mayor Dahlman, H. W. Dunn dem Polizeichef und über ein Dutzend Zeitungsberichterstattern verließ die Gesellschaft mit dem Gouverneur das Paxton Hotel in Autos nach 5 Uhr Montag Morgens.

Gerade als der Tag anbrach erreichte die Gesellschaft die 42. und Leavenworth Straße. Südlich von diesem Platze hatte der Sturm seine Zerstörungsbahn über die Stadt begonnen. Von diesem Punkte eilte die Partie durch den ganzen verwüsteten Distrikt.

„Es ist schrecklich!" sagte Gouverneur Morehead, ehe sie 30 Minuten auf dem Wege gewesen waren.

Der Gouverneur tröstet die Geschlagenen.

Der Gouverneur verließ seinen Kraftwagen und ging zu Fuß durch die Straßen, die voll Trümmer lagen und

an Dutzenden von Plätzen ging er in die zerstörten Heimstätten und tröstete persönlich die heimgesuchten und verzweifelten Männer und Frauen. Gouverneur Moreheads
Anwesenheit schien Allen ein Gefühl der Erleichterung
und Hoffnung zu bringen. Die betrübten Leute erkann-
ten, daß das Staatsoberhaupt da war, um ihnen auf jede
nur mögliche Weise zu helfen.

Die Gesellschaft fuhr weiter gegen die Vierzigste und
Farnhamstraße. Hier herrschten Jammerszenen von hilf-
losem Durcheinander. Wieder stieg der Gouverneur aus
seinem Wagen und inspizirte die Ruinen persönlich.

In dieser früher schönen Stadtgegend, wo viele der
reichsten Männer und Frauen der Stadt wohnten, war
kaum ein Haus unbeschädigt geblieben. Geschäftshäuser
waren zerstört, wie wenn Explosionen stattgefunden hätten. Große Häuser mit zehn und zwölf Zimmern standen
schief auf ihren Fundamenten und andere waren weggeblasen.

Die Vierzigste Straße hinunter fuhren die Kraftwagen
und oft mußte man anhalten, und die Trümmer aus dem
Wege räumen, um weiterfahren zu können. Plätze wurden dem Gouverneur gezeigt, in denen Männer und
Frauen, die obdachlos geworden oder von Polizisten und
anderen gerettet waren, untergebracht worden waren und
Gouverneur Morehead hielt öfter an, um persönlich die
Beamten der Polizei und Feuerwehr, die die ganze Nacht
im Dienste gewesen waren, zu loben.

Joslyn Castle zerstört.

Hinauf nach Joslyn „Schloß" fuhr die Gesellschaft.
Hier war Verlassenheit und Zerstörung. Dieses schöne
und stattliche Heimwesen war schwer beschädigt worden.
Das Dach des großen Steingebäudes war an vielen Stel-

len verbogen und zerrissen worden, Fenster waren herausgebrochen, Teile der Mauern waren weggerissen und der ganze Platz bot einen Anblick allgemeiner Verwüstung.

Hinüber nach dem Bemis Park Distrikt fuhr die Gesellschaft. Diese schöne Gegend von Omaha war vollständig ruiniert. Die hübschen Residenzen, welche die malerisch sich windenden Parkwege eingefaßt und geziert hatten, waren nicht wieder herzustellen. Bäume waren am Boden abgeknickt worden und viele derselben mit den Wurzeln ausgerissen. Ein großes Haus war von unten nach oben gekehrt auf das Dach eines östlich davon stehenden Nebenhauses geschleudert worden.

Der Sacred Heart Convent, nicht sehr weit von dem Bemis Parkdistrikt, war durch den Tornado schlimm beschädigt worden. Ein ganzer Teil des großen Gebäudes war abgerissen und man konnte durch das Innere des Hauses von der Straße aus hindurchsehen.

Wundert sich, daß so Viele am Leben blieben.

Gouv. Morehead interessierte sich sehr für Alles was er sah. „Es ist wunderbar, daß so viele Männer und Frauen mit dem Leben davonkamen," sagte er. „Ich kann nicht verstehen, wie ein so furchtbarer Sturm noch eine Person am Leben ließ. Es scheint mir unmöglich, daß Jemand diesen Sturm mitgemacht hat und am Leben geblieben ist."

Die Gesellschaft fuhr darauf durch den 24. Str. Distrikt. Hier war womöglich die Zerstörung noch größer als weiter südlich und westlich. In diesem engbevölkerten Wohndistrikt, wo hunderte von armen Familien in eng zusammengebauten Häusern wohnten, lag alles was man sehen konnte, in Trümmern,

Die Automobile hielten an der 31. und Hamilton Str.

Oberes Bild — Schnee folgt auf die Flut in Dayton.
Unteres Bild — Obdachlose erwarten hier Transportwagen.

Oberes Bild: Der einzig Ueberlebende aus einer Familie in Dayton.
Unteres Bild: Als die Boote selten und teuer waren.

Helden der Rettungsarbeit
Matrosen retteten Diele aus Bäumen, Dächern und anderen lebensgefährlichen Lagen.

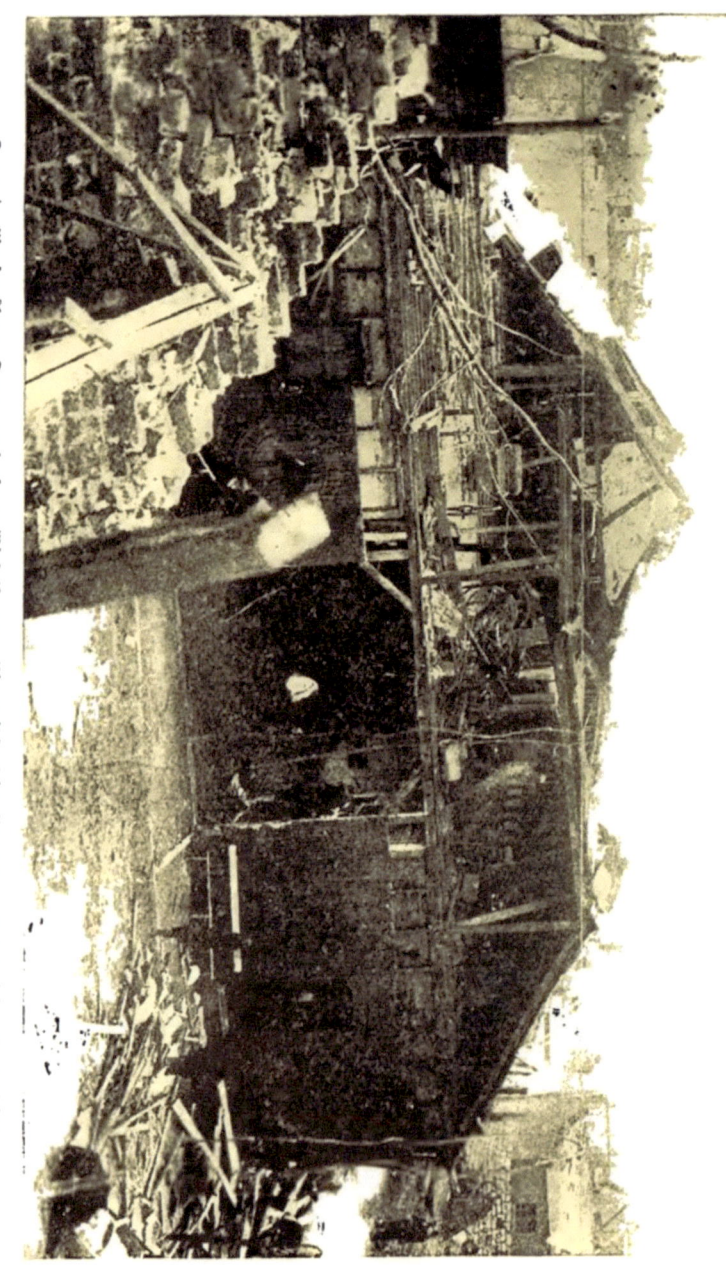

Szene in Murfreesboro, Tenn., nach einem Wirbelsturm. Ein Leichnam im Vordergrund, dem seine Vorderseite und Dach abgerissen sind.

an. An der Ecke hatte A. E. Nelson einen kleinen Grocerystore. Alles was man davon noch sehen konnte, war ein großer Haufen Bricks und zerbrochenes Bauholz. Zwei todte Pferde von Nelson konnte man in den Ruinen liegen sehen.

Hier fand auch C. P. Weisen seinen Tod. Nelson war ein paar Zoll von Weisens Leiche, als sie herausgezogen wurde. Nelsons Kopf war schlimm zerschnitten und gequetscht. Sein Vater, Karl Nelson, war in dem zusammenstürzenden Hause schwer verletzt worden.

Als die Maschinen, so weit man an 24. Straße kommen konnte, gefahren waren, verließ man sie und machte den Weg nach Lake Str. zu Fuß. Indem er über Telephon- und Telegraphenpfosten kletterte, ging Gouv. Morehead allen Anderen voran.

An 24. und Grant Str. wurde dem Gouverneur der Platz gezeigt, auf dem „Idlewild", eine Poolspielhalle für Neger, gestanden hatte. Hier sagte man ihm, habe der Leichenbeschauer des County drei Neger gerettet, sei aber von dem Feuer zurückgetrieben worden und mußte sehen, wie ein vierter langsam eingeäschert wurde. In den Ruinen dieses Gebäudes wurden zwölf andere Leichen gefunden.

An der Ecke von 24. und Lake Str., wo ein zweistöckiges Holzgebäude gestanden hatte, mit einer Wirthschaft unten und Wohnungen oben, war nichts zu sehen als die vernachlässigt aussehenden Ruinen von einer zusammengefallenen Ansiedlerhütte. Zwei Männer, die dort gewohnt hatten, versuchten einige Kleider in den Ruinen zu finden.

Weiter draußen an der 24. Straße sahen die Augen dieselben Szenen. Hier und da hörte man das barsche Commando eines Soldaten und eine Person, die in dem verwüsteten Distrikt nichts zu suchen hatte, konnte man hinwegschleichen sehen.

Szene, wo Vier umkamen.

An der 20. und Ohio Str., wo Clifford Daniels, ein Briefträger, mit seiner Frau und zwei kleinen Kindern umgekommen war, stand Gouv. Morehead lange Zeit und schaute auf die Ruinen.

„Ich vermute, sie taten was sie konnten, um ihr Leben zu retten, allein das Schicksal hat es anders gewollt," sagte er.

Als Jemand ihm sagte, daß ein 18 Jahre alter Sohn der Familie dem Tode entgangen wäre, weil er nicht zu Hause war, sprach der Gouverneur, seinen Kopf schüttelnd:

„Ich würde mich nicht wundern, wenn er seinen Verstand verlieren würde, wenn er von dem Unglück hört.

Immer weiter schritt der Gouverneur mit seiner Gesellschaft. Ueberall, soweit man in jeder Richtung blicken konnte, waren Ruinen. Endlich sagte Gouv. Morehead:

„Ich kann nicht mehr ertragen; lassen Sie uns nach dem Hotel zurückkehren. Ich habe mehr Verwüstung heute gesehen, als ich für möglich gehalten habe. Omaha hat einen schweren Schlag erlitten, aber ich bin sicher, daß die Bürger dieser Stadt dafür sorgen werden, daß das zerstörte Gebiet sofort wieder aufgebaut wird.

„Daß so viele Menschen umkamen ist sehr traurig, aber Jeder sollte dankbar sein, daß es nicht mehr waren. Hätte dieser Sturm die Stadt um Mitternacht getroffen, als Jeder im Schlafe gewesen wäre, so wäre die Todtenliste eine entsetzlich hohe gewesen. Ich bin sehr dankbar, daß nicht mehr Menschen umgekommen sind."

Tobende Stürme

Der erste Schrecken beim Betreten des Trümmerhaufens. Nehmen die erste Leiche aus den Ruinen der „Idlewild Boot Hall" an 24. und Grant Str., Zwölf Neger verloren in diesem Gebäude ihr Leben.

Kapitel IV.

Die Rettungs- und Hilfsarbeit.

Sofort nach dem Sturm und ehe die Hälfte der Bevölkerung Omahas wußte, welchen Schaden der Sturm in ihrer Stadt angerichtet hatte, waren schon drei Kompagnien der Ver. Staaten Armee Signal-Korps von Fort Omaha unter Kommando von Major Hartmann beordert worden, den verwüsteten Distrikt mit Militärposten zu besetzen und abzupatrouillieren. Die Stadtpolizei und Feuerwehr nebst ihren Reserven waren nach den Schauplätzen der Zerstörung abkommandiert worden. Da der Telegraph- und Telephondienst gänzlich lahmgelegt war in Omaha und Umgebung, so wurden die ersten Nachrichten von der Katastrophe an die Außenwelt von T. R. Porter, einem Zeitungskorrespondenten in Omaha von der drahtlosen Station in Fort Omaha nach Fort Riley telegraphiert, von wo die Nachrichten über die ganzen Ver. Staaten per Telegraph gesandt wurden. Als kurz nach Mitternacht die Verbindung mit der Hauptstadt Lincoln hergestellt war, rief Gouv. Morehead sofort das Militär zu Hülfe, um die Personen und das Eigentum der Unglücklichen im Sturmgürtel zu schützen und kam sogleich in einem Sonderzug nach Omaha. Der ganze Distrikt wurde unter das Militärgesetz gestellt.

Sechs Hülfsdistrikte.

Unter der Leitung von Mayor James C. Dahlman wurde die Sturmzone in der Stadt in sechs Hilfsdistrikte geteilt, und das Unterstützungswerk jeden Distrikts einem verantwortlichen Geschäftsmanne zur Beaufsichtigung unterstellt. Ein Hauptquartier der städtischen Hilfskomites wurde in dem Ratsaal des Stadtrates errichtet, wo Beiträge an Geld, Kleidern, Lebensmitteln, Möbeln, Medizinen, Verbandzeug und allen Anerbietungen von sonstiger Hilfe in Empfang genommen wurden. Hunderte von Hilfsbetten und Decken wurden nach dem Auditorium gesandt, wo Capt. F. G. Stritzinger von der Ver. St. Armee, der in San Francisco nach dem Erdbeben bei der Hilfsarbeit tätig gewesen, war, und Hunderte von Menschen dort Nachts schliefen. Kochöfen wurden aufgestellt und große Vorräte an Lebensbedürfnissen kamen zusammen, so daß die Mengen der Sturmopfer gespeist und beherbergt werden konnten in den Tagen und Nächten rauhen Wetters, die auf den Sturm folgten. Frauen, die dorthin gebracht wurden in Kleidern, mit denen sie kaum ihre Blöße decken konnten, gingen mit Armen voll Unterkleidern und Betten hinweg, die nicht nur für sie selbst, sondern auch für eine arme Nachbarin ausreichten, die noch nicht einmtl den Weg nach der Hilfsstation hatte machen können. Diese Hilfsstationen waren in jedem Hilfsdistrikt errichtet worden. Die Automobiles reicher Leute arbeiteten in Gemeinschaft mit den Wagen armer Expreßfuhrleute, den Armen umsonst die Gaben der Mildtätigkeit zu bringen und ein Arzt befand sich in jeder Hilfsstation Tag und Nacht, um seine ärztliche Dienste der Wohltätigkeit zu widmen. Die öffentlichem Schulen waren geschlossen und Lehrer, die mit den verschiedenen Distrikten der Stadt vertraut waren, wurden von dem Schulrat ausgesandt, um die Häuser der Leute aufzusuchen, die sich in Not befanden, aber in vielen Fällen zu stolz waren, um öffentliche Hilfe anzurufen an den Stationen, die Tag und Nacht von Hilfesuchenden umlagert waren.

Das Hülfswerk erweist sich als schwierig.

Unmittelbar nach dem Sturm, als die Straßen übersät waren mit den Trümmern von tausenden von Heimstätten, mit mehreren tausend Telephon-, Telegraph- und elektrischen Lichtpfosten und deren vielen Drähten, war es überaus schwierig für die kleinen Truppen suchender Mannschaften mit Aexten und in vielen Fällen ohne Laternen, nach Verletzten oder Todten zu suchen. Sie gingen von einer Ruine zu der andern und riefen wiederholt und in vielen Fällen hörten sie nur eine schwache Antwort, die aus dem Innern eines Trümmerhaufens hervorkam. Auch die Gefahren von elektrisch geladenen Drähten, die manchmal böse blaue Flammen über die mit Holztrümmern übersäten Straßen ausspieen, während die tödtlichen Dünste von aus tausenden von geborstenen Röhren entweichenden Gases zur höchsten Eile antrieben, wenn man noch ohne zu ersticken den in den Trümmern festgehaltenen, auch den Gasdünsten ausgesetzten Unglücklichen Hilfe bringen wollte. In hunderte von Erdgelassen und Kellerwohnungen strömte Wasser aus gebrochenen Wasserröhren, während von dem tintenschwarzen Himmel Ströme von Regen sich auf die zerstörten oder brennenden Trümmerhaufen von Heimstätten ergossen, und die in den Trümmern begraben liegenden und ihre Retter ganz durchnäßten.

Bericht vom Handelsverein.

Der „Commercial Club" von Omaha veröffentlichte einen Bericht von der Lage in Omaha in Betreff von Verlust von Menschenleben und Eigentum, der durch den Sturm verursacht worden war. Dieß geschah, um durch Darlegung der wirklichen Zustände allerlei Befürchtun-

Tobende Stürme

gen seitens Verwandter und Freunde von Einwohnern. Omahas zu beseitigen und dem ganzen Lande die wirkliche Sachlage bekannt zu geben anstatt der vielen ersten mangelhaften Berichte, die man aus Zeitungen geschöpft oder auf andere Weise erfahren hatte.

Sympathietelegramme liefen massenhaft neben Hilfsanerbietungen an den Handelsverein und den Stadtmayor ein. Für dieselben dankte man herzlich und antwortete, daß während die Geschäftsleute von Omaha die Sympathie und großmütigen Anerbietungen von auswärtiger Hilfe zu schätzen wüßten, man doch glaubte, daß Omaha, vorläufig wenigstens selbst für sich sorgen könnte. Der Verlust an Eigentum, persönlichem und liegendem, wurde zuerst auf 5 Millionen Dollar veranschlagt.

Der Bericht des „Commercial Club" lautet wie folgt:

„Der Tornado passierte durch den Residenzdistrikt der Stadt Omaha von Südwest nach Nordost und traf den wohlhabenden Teil ebenso schwer wie den Mittelstand und die armen Klassen. Die Bahn des Sturmes hatte eine Breite von durchschnittlich einer viertel Meile und war fünf oder sechs Meilen lang. Feuer brach in den Trümmern an zwanzig Plätzen aus und trotz der Schwierigkeiten, die sich dem Feuerdepartment in den Weg stellten, besonders wenn sie von einem Feuer zu dem andern durch und über Trümmer fahren mußten, wurden doch alle diese Feuer in ein paar Stunden gelöscht. Alle verletzten Personen wurden aus den Ruinen herausgeschafft und während der Nacht sorgsam verpflegt. Die Zahl der Verletzten ist 322. Die Zahl der Todten beträgt 139. Alle diese wurden aus den Trümmern hervorgeholt mit einer möglichen Ausnahme von neun, welche vermißt werden. Diese Zahlen schließen die Vorstädte von Omaha sowie die Stadt Omaha selbst ein.

„Unmittelbar nach dem Unheil wurde unter der Oberleitung von Mayor James C. Dahlman durch die Polizei und die Feuerwehr überall, wo es not tat, Hilfe geleistet. Ehe noch irgend eine vermeidliche Unordnung oder Schleichdieberei versucht werden konnte, waren schon die Bundestruppen von Fort Omaha unter Major C. J. Hartmann Herren der Lage, die vor Tagesanbruch am Montag Morgen völlig unter Kontrolle war. General-Adjutant Phil. C. Hall kam auf einem frühen Morgenzuge an und übernahm den Oberbefehl über das hiesige Militär, welches die südliche Hälfte der Stadt patrouillierte, während die regulären Truppen die nördliche Hälfte bewachten. Gouv. Morehead erreichte Omaha am Montag Morgen und berichtete an die Staatsgesetzgebung, die in Sitzung war, daß die Lage bewundernswert gehandhabt werde und völlig unter Kontrolle sei. Am Montag kamen die leitenden Bürger zusammen, um unverzüglich Schritte zu tun zur Unterstützung für die, die sich finanziell oder sonstwie in Not befänden. Ein Exekutiv-Komite von sieben wurde erwählt und bestand aus: T. J. Mahoney, Rechtsanwalt, Vorsitzer; T. C. Byrne, Großhändler; C. C. Rosewater, Zeitungsredakteur; Robert Cowell, Kaufmann; E. J. Denison, Sekretär der Y. M. C. A.; Rt. Rev. A. L. Williams und J. M. Guild, Commissär des Commercial Clubs.

Territorium in Distrikte geteilt.

„Das heimgesuchte Territorium wurde in Distrikte eingeteilt und ein vollständiger Census von der allgemeinen Sachlage genommen, welcher innerhalb 24 Stunden beendigt war. Dieser Census wurde die Grundlage des ganzen Hilfswerkes, da Alles und jede Einzelheit in einem Kartensystem niedergeschrieben und geordnet wurde: der Name, Wohnplatz, Zustand der Wohnung, Namen der Bewohner, ihre Verletzungen, ihre finanziellen Umstände, wo sie untergebracht wurden etc. Dieser Census zeigt eine Gesammtsumme von 1,669 Häusern, die beschädigt wurden; von diesen wurden 642 total zerstört, was 2,179 Leute obdachlos macht. Diese wurden untergebracht in den Wohnungen von Freunden, in den Räumen des christlichen jungen Männervereins, in den verschiedenen Missionen und im Auditorium und für Alle ist vorläufig gesorgt. Die Austeilung von Lebensmitteln und Kleidern nimmt ihren regelrechten Verlauf. Das ganze Gebiet ist in sechs Distrikte zwecks richtiger Verteilung von Lebensmitteln geteilt worden, von welchen jeder Distrikt unter Aufsicht eines hervorragenden Geschäftsmannes steht, der am Platze ist. Diese Verteilungsdepots werden von dem Hauptvorratsdepot der unteren Stadt versorgt und sind der Verwaltung folgender Männer unterstellt: Georg H. Kelly, Präsident des Commercial Club; J. A. Sunderland, Großhändler; T. P. Redmond, Kleinhändler; John L. McCague, Grundeigentumshändler; F. J. Ellick, Drucker, und Joseph Kelley, Großhändler.

„Der Commercial Club wünscht bekannt zu geben, daß die Sturmbahn nur durch den Residenzdistrikt ging und gar keine Geschäftshäuser betraf; daß also Omahas Geschäfts- und finanziellen Interessen keinerlei Schaden erlitten.

„Ein hiesiges Finanzkomite, bestehend aus den Herren C. E. Yost, Präsident der Bell Telephone Co. und Vize-Präsident des Commercial Club, Vorsitzer; J. L. Kennedy, Rechtsanwalt; C. M. Wilhelm, Händler; Sam Burns, Wertpapiere; W. D. Hosford, Großhändler, W. H. Bucholz, Bankier; H. A. Tukey, Grundeigentum, und

Eine von Tausenden!!!

Tobende Stürme

Szene an 34. Straße und Lincoln Boulevard, am Morgen nach dem Wirbelsturm.

C. C. Belden, Händler, wurde in einer gut besuchten Sitzung erwählt, um das Hilfswerk auf eine gute finanzielle Basis zu stellen und zu erhalten für die Gegenwart und die Zukunft. Die Arbeit dieses Komites schließt die vollständige Wiederherstellung der in der Sturmbahn zerstörten Gebäude in sich."

Commercial Club von Omaha.

George H. Kelly, Präsident,

C. E. Yost, Vize-Präsident,

J. M. Guild, Kommissär.

Ein späterer Aufruf um Hilfe.

Vier Tage später, als die wirkliche Hilfsarbeit schon gut im Gange war, sah sich der Commercial Club gezwungen, sein erstes Versprechen zu widerrufen und gab öffentlich zu, daß Hilfe in Form von Geldgaben und Lebensmitteln aus irgend einer Quelle willkommen sei. Der Verlust an Eigentum wurde auch bestätigt und Anzeichen sprachen dafür, daß der Sachschaden 8 Millionen übersteigen würde.

Kapitel V.

Wie der Sturm seinen Anfang nahm.

"Eintausend Dämonen schienen ein paar Augenblicke vor 6 Uhr losgelassen worden zu sein," schreibt ein Augenzeuge des Sturmes, "als das starke Brausen des Sturmes alle Zuhörer entsetzt still stehen ließ in ihren Wohnungen um Bemis Park. Aber ein paar Sekunden vergingen und ehe die meisten Leute an ihre Kellertreppe kommen konnten, waren sie mitten im Wirbel ungesehener Mächte und einige fielen todt unter den krachenden Balken zusammen, während andere zerkratzt, gequetscht und verkrüppelt wurden in dem Chaos von Trümmern, die um sie herum wirbelten und niederstürzten.

"Ich bin schon früher in der Nähe von Tornados gewesen und der Himmel zeigte sich ein paar Augenblicke vor 6 Uhr so schwarz wie Tinte. Unsere Gesellschaft hatte gerade ein Automobil verlassen und war in ein Haus an Cuming Straße getreten zu einem Besuch. Ein leichter Regen fiel und auch Hagel sah man fallen. Plötzlich hörte man das eigentümlich klingende Sausen des Sturmes, das mit jeder Sekunde anwuchs, als wollte der Sturm nun seine ganze Gewalt zusammennehmen, um sich über die von Menschenhänden gemachten Gebäude zu werfen mit der Wut eines Furienkönigs. Große Waldbäume bogen sich zu Boden, oder wurden am Fußboden abgedreht und abgeknickt und in zehn Sekunden war nichts davon übrig als Stumpen, einige wurden aus dem

Boden gerissen, in der Luft gewirbelt, als ob sie Fangbälle eines unheimlichen Zauberers wären.

„In dem Hause hörte sich der Sturm wie das Reißen eines Segeltuches an und als ob ungeheure Kreisel-Naturmächte nicht windartig, sondern elektrisch betriebene, die Gebäude erfaßt hätten und mit elektrischer Schnelligkeit mit ihnen durch die Luft eilen wollten oder manche mit einem Krach auf den Boden setzten. Der Mensch hatte ein Gefühl, als ob eine unsichtbare Naturmacht mit ihm und Allem über einen Abgrund eilen wollte. Die Luft war wie Schwefel und man fühlte wie betäubt; keine Anstrengung die man machte schien Verstand zu haben und diese paar schrecklichen Momente vergingen Einem wie ein schwerer Alp. In einem Augenblick war Alles vorüber. Wir waren bis an die Kellertreppe gekommen, aber keiner war hinunter gegangen, denn das Wrack war vollständig und wir fühlten die Windesstille. Als wir schnell einen Ueberblick über die Szene nahmen, war das Resultat dieß, als ob eine Armee der Verwüstung den ganzen Tag hindurch an der Arbeit gewesen wäre. Das Tal im östlichen Teile von Bemis Park war eine Masse von flach gewordenen Gebäuden und die $25,000 Residenz, die von Tolf Hansen auf einem Hügel an 34. und Lincoln Boulevard war zu einem einstöckigen Trümmerhaufen geworden, während man gegenüber eine Reihe von Balken aufragen sah mit einem hie und da auf einer Seite hängenden oder schief stehenden Hause dazwischen.

„Der Tornado kam von Südwesten über Cuming Straße und erhob sich nachdem er den Parkdistrikt passiert hatte. Die dortigen Hügel blieben unberührt und in der Ferne sah man das „Haus of good Hope" an N. 27. Straße ohne einen Fleck abbekommen zu haben, aufragen.

„Jene zehn Sekunden hatten hinter sich eine Spur von ruinierten Heimstätten und betäubten, gelähmten, halb wahnsinnigen Opfern zurückgelassen. Der Dämon hatte seine Arbeit vollbracht und verschwand wieder in die unsichtbare Welt."

Wie ein Wirbelsturm sich bildet.

Die hervorragendsten Autoritäten, betreffs der Frage wie ein Wirbelsturm entsteht, beschreiben denselben in beinahe derselben Weise. Die Vorbedingungen eines Wirbelsturmes sind die, wie sie sagen, daß eine Lage warmer, feuchter Luft nahe am Erdboden liegt, während in derselben Umgebung in einer größeren Lufthöhe eine kältere Luftschicht sich befindet. Die größten Windstürme haben sich in derselben Weise unter ähnlichen Bedingungen ereignet. Wenn die obere Luftschicht mit kalter Luft sich berührt mit einer Schicht warmer Luft bei einem hohen Barometer, so steigt die warme Luft in die Höhe. Die trockene kalte Luft gibt den Weg frei für die warme und mit einer wirbelnden Bewegung wird der Sturm heftiger. Kleine Wirbelwinde, die man fast überall vor einem Regensturme sehen kann sind in Wirklichkeit kleine Wirbelstürme; ihre geringere Heftigkeit rührt allgemein daher, daß kleine Luftgebiete in der Luftdrehung beteiligt sind.

Die zentrifugale Kraft vermöge der täglichen Drehung der Erde treibt auch die dichtere Luft gegen den Aequator schneller als die leichtere, feuchte Luft und die leichtere Luft wird von der dichteren Luft nach oben gedrängt und strömt ab nach den Polen. Ein Körper auf der Erdoberfläche und in verhältnismäßiger Bewegung mit ihr, wird trotzdem er sich mit ihr bewegt, doch einem Beobachter erscheinen als ob er sich abdrehe zur rechten Hand wenn er sich in der nördlichen Halbkugel der Erde fortbewegt, während es erscheint als ob er sich in der südlichen Hemisphäre nach links bewege. Vermöge dieser Abweichung nehmen die Winde, die nach einer Region niedrigen

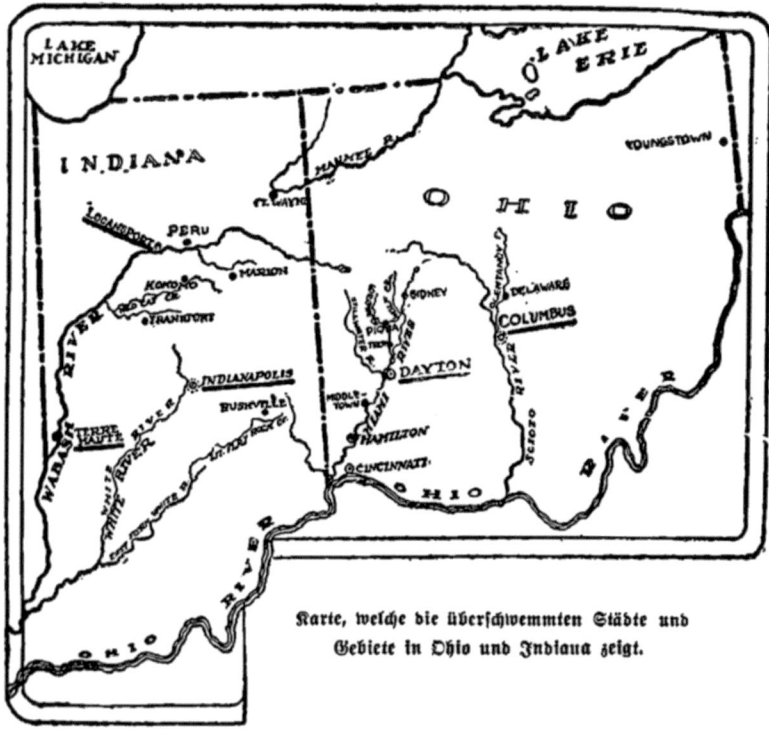

Karte, welche die überschwemmten Städte und Gebiete in Ohio und Indiana zeigt.

Druckes sich bewegen eine Wendung, gleichviel von welcher Richtung sie kommen, was, anstatt daß sie im Zentrum der Region niederen Druckes zusammenkommen, einen heftigen Wirbel um den Vereinigungspunkt verursacht. Der barometrische Luftdruck innerhalb des Wirbels ist deshalb viel niedriger, als er sein würde, wenn die Winde die zur Region gezogen werden, in der Mitte des niedrigen Druckes sich träfen. Die allgemeine Bewegung der Wirbelstürme ist von Südwest nach Nordost.

Eine wahre Brüderschaft.

Ostersonntag, den 23. März 1913.

Die Kirchen waren leer geworden, der Osterregen brachte den Frauen heute Stirnrunzeln wegen ihrer neuen Osterhüte und die Kinder waren hungrig nach ihrem Abendbrot als über Omaha der schrecklichste Sturm in der Geschichte der Welt hereinbrach.

Als das Tageslicht die greuliche Größe des Schreckens unter die Augen der Bürger Omahas brachte, sah man auch, daß der schreckliche Regen, den man beklagt hatte, die Stadt vor Vernichtung durch Feuer bewahrt hatte.

So selbst angesichts solcher tiefen Trauer, sehen die braven Omahaer ein Bild einer Auferstehung, wenn sie mit neuem Eifer ihre niedergeworfene Stadt, die zum Trümmerhaufen geworden ist, wieder aufbauen.

Hier zeigten sich auch helfende Hände und brüderliche Liebe, die die Menschen zu einer wahren Brüderschaft umschlingt.

Mitten in den reißenden Fluten.

Kapitel VI.

Einzelne Vorfälle beim Tornado.

Chas. Horn, ein Kontraktor, der an 42. Straße und Dewey Avenue, Omaha ein Häuschen bewohnte mit einer südöstlichen Front, kam am Sonntagnachmittag des Sturmes von einer Ausfahrt mit seiner Familie zurück und ließ sein Automobil an der Nordseite des Hauses stehen. Als der Sturm erschien, nahmen Horn, seine Frau und ihr Kind Zuflucht in dem kleinen Keller unter dem Haus. Das Haus aber wurde über ihrem Kopf weggeblasen und ein schwerer Wagen aus einem 1 Block entferntem Hofe wurde durch die Luft geführt und landete in dem Keller ein paar Fuß von der Ecke, in der Horn und seine Familie saßen. Am folgenden Tag fand man, daß Horns Automobil bequem in dem Keller des nächsten Hauses Platz genommen hatte, und daß mit Ausnahme von einem Rad, nichts daran fehlte.

Ein Besuch kostete ihr das Leben.

Fräulein Frieda Hulting, Stenographin für eine Zeitungsoffice, war nach dem Hause von Frau Ida Newman gegangen, nahe der Ecke von 44. Straße und Dewey Avenue, um den Abend zu verbringen. Fräulein Hulting machte sich fertig nach Hause zu gehen, als der Sturm losbrach. Eine Stunde später starb sie auf einer Bahre, auf der man sie nach der Kinderrettungsstation brachte, wo den Verletzten die erste Hilfe zu Teil wurde.

Frau Newman, die Mutter von 9 Kindern wurde in demselben Hause getötet, während ein Sohn, 18 Jahre alt, der am Nervenfieber krank lag, ein paar Tage später starb.

Flammen verschlimmern die Gefahr.

Frau Mary Sullivan war eingekeilt in ihrem Hause zwischen Balken und Trümmern, als der Trümmerhaufen zu brennen begann, und schrie in Todesangst zwei Stunden lang. Nachbarn machten die verzweifeltsten Anstrengungen, Tonnen von Trümmern hinwegzureißen um sie zu befreien, aber erst nach 10 Uhr Abends gelang dies und sie wurde aus den Ruinen ihrer früheren Heimstätte ohne Bewußtsein und blutend herausgebracht und der Tod erlöste sie in wenig Stunden.

Zwei andere kamen ums Leben ein paar Fuß von dem Sullivan Haus, 4211 Harney Straße. Feuer zerstörte die Trümmer an dem Westende des Blocks, während die Wohnhäuser an beiden, der Nord- und Südseite der Straße niedergemäht wurden wie Grashalme.

Einen Begriff von der Gewalt des Sturmes in Omaha kann man sich daraus machen, daß der Postsparkassenschein, der S. L. Bush einem an Howard Straße, Omaha wohnenden Feuerwehrmann ausgefertigt und gegeben worden war, von einem Briefträger der Postoffice in Pomeroy, Jowa, 11 Meilen von Omaha in direkter Linie, gefunden wurde. Das Zertifikat wurde an den Postmeister in Omaha von Herrn Malcolm Peterson, Postmeister in Pomeroy gesandt.

Wurde durch den Sturm irrsinnig.

Irrsinnig durch den Verlust seines Weibes und seiner Söhne wurde John Rathke, ein Farmer, der das Haus 00. und Grover Straße sein eigen nannte, ehe der Sturm

Chicago's Lebensrettungsmannschaft rettet 597 Menschenleben in Cairo

Cairo, Where the Flood Water Has Reached Top of Levee.

Cairo, die die Hochflut zeigt, wie sie den Rand des Fluß-Dammes erreichte.

es vernichtete. Der Mann verschwand spurlos. Partien von suchenden Mannschaften suchten ihn zwar zwei Tage lang aber keine Spur war von dem verzweifelten Mann und Vater zu finden.

Als sein Heim, welches an 60. Straße direkt in dem Pfad des Sturmes zwischen Ralston und Omaha lag, in die Luft gesogen und die Winde zerstreut wurde, wurden die schrecklich verstümmelten Leichen seiner Frau und Söhne beinahe eine halbe Meile weit getragen und wurden später zusammen auf der Farm von Henry Olsen, direkt nordöstlich gefunden. Kein Knochen in den Leichen war ganz geblieben. Die von Clarence, dem ältesten Sohne, war durch einen 7 Fuß langen und 2 bei 4" Pfahl, der durch seinen Körper gedrungen war, in die Erde befestigt worden.

Nachbarn waren gekommen um Rathke zu trösten und fanden ihn mit einem Stock in den Ruinen seines Hauses wühlen.

„Ja, sie sind fort," murmelte er, und seine Mienen veränderten sich nicht, als tröstende Worte zu ihm gesprochen wurden, „ sie sind fort, aber ich werde sie finden, ich werde sie finden, sie müssen irgendwo hier herum sein, — sie müssen sein."

Zu dieser Zeit lagen die drei Leichen in den Räumen eines Leichenbestatters.

Man sah Rathke zuletzt ziellos über die Felder in einem Sturm wandern.

Eine Frau der Gesellschaft flieht barfuß.

Fräulein Bella Robinson kleidete sich in ihrem Heim im fashionablen Hanscom Parkdistrikt an, als der Sturm ihr Haus traf. Ihr Heim wurde zerstört aber sie entkam unbeschädigt da sie aus dem Hause rannte in dem Augenblick als es zusammenstürzte. Fräulein Robinson war nur in eine Badrobe gekleidet und ein Paar leichter Hausschuhe. In ihrer wilden Flucht durch die dunklen, schmutzigen Straßen verlor sie beide Schuhe, ehe sie den Rand der Sturmbahn erreichte und wurde in das Haus von Freunden aufgenommen. Mit blutenden Füßen wollte Fräulein Robinson keine Hilfe bis ihre Mutter, die noch in dem Hause war, gerettet sei. Sie war im Gesicht zerschnitten von fliegendem Glas und ihre Hände und Arme waren schlimm verletzt, weil sie auf ihrem Wege in ihrer wilden Flucht oft gefallen war.

Kondukteur rettete mehreren das Leben.

Als ein Nord 24. Straßenbahnwagen in dem Sturm an 24. und Lake Straße überrascht wurde, wurde das Leben von einer Anzahl von Passagieren unzweifelhaft durch die kühle Besonnenheit des Kondukteurs Ord Hensley und eines Passagiers, Chas. Williams gerettet. Letzterer erzählte:

„Als wir die Straße hinaufblickten, sahen wir den Sturm herankommen. Er sah aus wie ein großer, weißer Ballon. Natürlich war jeder in Angst und eine Anzahl Frauen schrieen."

„Indem er rief: ‚Jeder bleibe ruhig und lege sich in dem Wagen nieder,' tat der Kondukteur dies selbst und jeder tat es ihm nach. In einem Augenblick war jedes Stückchen Glas in dem Straßenbahnwagen zertrümmert und Bretter und andere Trümmer flogen gegen die Seiten des Wagens. Manche schwere Bretter kamen durch die Fenster. Ein schwerer Balken kam zu dem einen Fenster des Straßenbahnwagens herein und das andere Ende stak im gegenüberliegenden Fenster."

„In der kurzen Zeit, die ich den herankommenden Sturm sah, konnte ich sehen wie Häuser fielen und Bäume entwurzelt wurden. Nachdem der Sturm vorüber war, verließen wir den Straßenbahnwagen, indem wir die geladenen Drähte sorgfältig vermieden, was auch auf Rat des Konduktuers geschah, welcher Rat sich auch im Rettungswerke als sehr nützlich erwies."

Durch Fensterglas geschleudert.

Zwei der Falconer Familie Angehörige, 2214 Maple Straße, wurden durch ein großes Frontfenster geschleudert, als der Sturm ihre Wohnung zertrümmerte. Die Vorderseite wurde unterst zu oberst geworfen und einer der beiden kam oben auf dem Trümmerhaufen auf ein Sofa zu sitzen. Keiner war ernstlich zu Schaden gekommen.

Kürzlich verheiratetes Paar verletzt.

Herr Harry Greenstreet, dessen Heirat mit Fräulein Lucile Race am Samstag Abend vorher stattgefunden hatte, entging mit knapper Not dem Tode. Er und seine junge Frau waren in dem Hause von Frau Greenstreets Mutter, Frau Cora Curtis, an Cuming Straße. Sie waren gerade von oben heruntergekommen, als das Dach ihres Hauses hinweggerissen wurde; die fliegenden Backsteine trafen Frau Curtis und verursachten ihr eine tiefe Wunde am Kopfe. Beide, Herr und Frau Greenstreet waren verletzt, jedoch nicht tötlich.

Mädchen zwischen Bäumen festgeklemmt.

Ein Mädchen, Fräulein Elsie Sweedler, war so eng und fest zwischen zwei gefallenen Bäumen festgeklemmt worden, daß die Feuerwehrleute die Stämme entzwei

Der grausame Wasserstrom eilte weiter und schonte weder Mensch noch Tier.

sägen mußten, um sie zu befreien. Nachdem sie zwei Stunden bewußtlos gelegen hatte, ging sie nach Harneys Telephonexchange und meldete sich zur Arbeit. Sie arbeitete die ganze Nacht hindurch. Dies ist die Geschichte von dem heroischen Opfer einer Telephonoperateurin in dem öffentlichen Dienste am Sonntag Abend. Von solchen gab es viele andere.

Treue, opferwillige Arbeit seitens der Telephonangestellten setzte die Telephongesellschaft in den Stand, ihren öffentlichen Dienst in Distrikten aufrecht zu erhalten, die nicht beschädigt worden waren, die zwei Tage hindurch, in welchen der Dienst in einem Distrikt gänzlich lahmgelegt war, in allen anderen aber umso mehr in Anspruch genommen wurde. Sechzig Mädchen waren in Hotels und Boardinghäusern, der unteren Stadt am Sonntag Abend einquartiert, um Zeit zu sparen und Montag Morgen sogleich wieder zur Arbeit bereit zu sein Alle arbeiteten viele Stunden über Zeit.

Dreißig Mädchen, deren Heimstätten vom Sturm zerstört worden waren, wurden von der Kompany mit vollständigen Kleiderausstattungen beschenkt und die meisten blieben an der Arbeit.

Zerstörte das Heim des öffentlichen Anklägers.

Stadtanwalt Fred Anheuser, der sich eben erst von einer schweren Krankheit erholte, war in der Sturmbahn in seinem Hause. In seinem Zimmer und im Erdgeschoß des Hauses befand sich das einzige Mobiliar, das nicht in Stücke gegangen war. Jedes Fenster im Hause war eingedrückt worden und das ganze Haus war krumm gebogen.

Das Haus war nicht so sehr beschädigt wie viele in seiner Nähe und wurde sofort geöffnet als ein zeitweiliges

Aushilfshospital. Dutzende von Leuten wurden darin verpflegt in der auf den Sturm folgenden Nacht. Man reichte ihnen belegte Brodschnittchen und Kaffee.

Ein merkwürdiges Erlebnis in unserem Hause war dies, daß ein Holzkasten, in dem eine Wachspuppe lag in kleine Splitter zerbrochen wurde, aber die Puppe, welche nicht den geringsten Stoß vertragen konnte, ohne zu zerbrechen, war unbeschädigt. Der Kasten stand unter dem Bett in dem Zimmer meiner kleinen Schwester. Die Puppe lag auf der anderen Seite des Zimmers und der Kasten war unter dem Bett, ein kleines Häufchen von fein zerbrochenem Feuerholz.

Verletzte lagen in dem Regen.

Einer von den jammervollen Vorfällen des Sturmes war der von J. A. Allen, einem Nachtwächter, der an Walnut Straße wohnte. Er war gerade zur Arbeit gegangen, als das Haus, in welchem sich Frau Allen, Amasa Allen und ein Stiefsohn, Ambrose Gregg befanden, getroffen wurde. Frau Allens Kniescheibe war gebrochen, ihr Auge, Gesicht und Kopf geschnitten, schlimme Quetschungen an dem Körper, welche Blutungen herbeiführten und zeigten, daß innerliche Verletzungen vorhanden waren; Ambrose Gregg war so schlimm verletzt, daß er zu einem Hospital gebracht wurde, wo man keine Hoffnung gab, ihn am Leben zu erhalten; Amasa Allen war ein Auge ausgedrückt und zerschlagen im Gesicht, am Kopf und ganzen Körper. Die ganze Familie lag bis Mitternacht auf der Prärie im Regen als sie von zwei Männern gefunden wurden. Die Männer hatten keinen Wagen, brachten es aber fertig, die Verletzten halb zu tragen, halb zu führen, bis sie ein Obdach und Zufluchtstätte erreichten; es war 15 Block von dem Platze Allens entfernt.

Eingeschloſſen nahe bei einem Gaſolinbehälter.

Frau C. J. Roberts, Präſidentin der Franzis Willard Union der W. C. T. U., hatte eine ſchwere Prüfung zu beſtehen. Ihre Heimſtätte an Süd 53. Straße wurde zerſtört. Frau Roberts ſtürzte in den Keller, wo ſie von Balken feſtgehalten wurde. Gerade vor ihr und nahe bei dem Furnace ſtand eine fünf Gallonenkanne Gaſolin. Dieſe Kanne wurde umgeſtürzt und Frau Roberts ſah mit ſtarren Augen wie das Gaſolin langſam aus der Kanne und in kleinem Strom dem Furnace zufloß. Eine kleine Vertiefung in dem Kellerboden war alles, was eine Explosion verhütete. Eine und eine halbe Stunde lang war Frau Roberts ſo eingeklemmt, während Herr Roberts verzweifelte Anſtrengungen machte die Balken zu beſeitigen und zu ihr zu kommen. Später holte er ſich zwei Männer zur Hilfe und gemeinſchaftlich befreiten ſie die Frau.

Die Frau todt — der irrſinnig gewordene Mann flieht.

Jemand telephonierte an den Leichenbeſchauer Crosby, daß eine Frau in den Ruinen eines Apartmenthotels an 32. und Charles Straße todt liege. Der Ehemann der Frau, ſagte der Berichterſtatter, ſei als Reſultat des Sturmes von Sinnen gekommen und verſchwunden.

Ein Zeitungsautomobil wurde von der Polizei bemannt und nach dem Platz geſchickt. In den Räumen eines Apartmenthauſes an 1409 N. 31. Straße wurde die Leiche gefunden. Der Kopf war zu einer unkenntlichen Maſſe von Fleiſch und Knochen zermalmt.

Sein dritter Tornado.

John Wright, ein von der Omaha und Nordweſtern Bahn angeſtellter Wächter und an 14. und Locuſt Straße

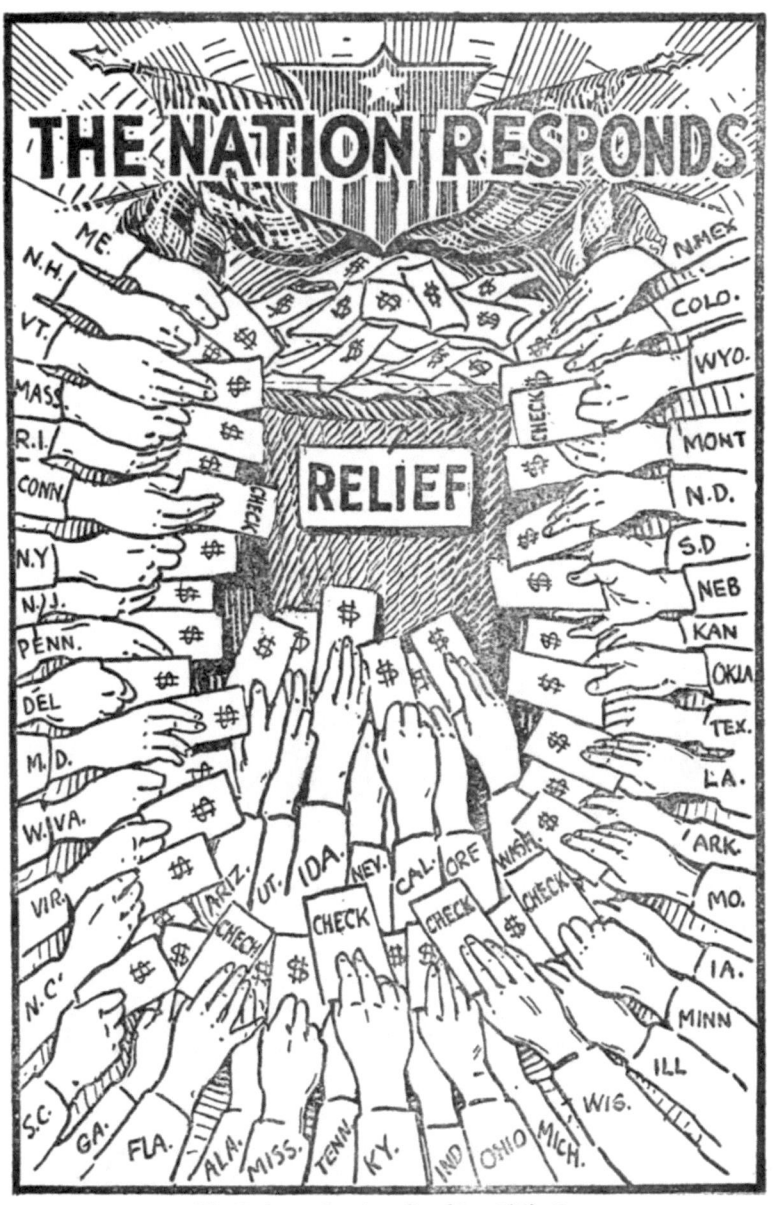

Die Nation antwortet mit reichen Hilfsgaben.

stationiert, hatte am Sonntag Nachmittag eine Vorahnung, daß ein schwerer Sturm Omaha heimsuchen würde, deswegen ging er eine Stunde früher als gewöhnlich zur Arbeit.

„Ich glaube ich gehe in die Stadt bevor es regnet," sagte Wright zu seiner Frau, als er das Haus verließ.

Es war vielleicht fünfzehn oder zwanzig Minuten später, nachdem er sein kleines Weichenhaus erreicht hatte, daß der Sturm losbrach. Wright erklärte er hätte das Heulen des Sturmes viele Minuten vorher gehört, ehe derselbe die Nachbarschaft von 14. und Locust Straße erreichte.

Während Wrights Häuschen unbeschädigt blieb, wurden Häuser und Geschäftsgebäude nur wenige Block von ihm entfernt, zerstört. Frachtwagen in seiner Nähe wurden weggeweht und andere wurden vom Geleise hinunter gewirbelt.

Dieser Sturm, erzählte Wright, sei der dritte von denen gewesen, die er erlebt hätte. Vor 16. Jahren habe ein Sturm in Norfolk, Neb., sein Heim teilweise zerstört und 42 Jahre zuvor in Panora, Ja., als die Stadt zerstört wurde sei er kaum mit dem Leben davongekommen.

Mutter und Kind im Sturm.

Auf dem Wege von ihrem Heime fanden Countykommissär Frank Best und seine Frau, innerhalb eines Blocks von ihrem Heim eine Frau mit ihrem Nachtkleide angetan, die in dem heftigen Regen außer sich durch die Straßen eilte, ein 3 Wochen altes Kind an ihrer Brust haltend. Herr und Frau Best nahmen das bejammernswerthe Paar nach der nächsten Wohnung mit, wo man für dieselben sorgte. Herr und Frau Best gingen dann nach dem Douglaß County-Hospital, wo sie mithalfen in der Sorge und Wartung der Hunderte von Verletzten, die dorthin kamen oder gebracht wurden bis Mitternacht

Eine Krankenpflegerin auf der Treppe überrascht.

Eine Krankenpflegerin an dem T. B. Norris-Heim entkam mit dem Leben, wurde aber aus dem Wrack mit einem so schlimm gequetschten Bein getragen, daß man glaubte das Bein müsse abgenommen werden. Sie wollte die Treppe hinuntergehen, als der Sturm kam. Ihr Bein wurde eingeklemmt zwischen einem schweren Balken und den Grundsteinen. Ihre Retter mußten Balken entzweisägen und Steine aus dem Fundament hauen, ehe sie die Leidende befreien konnten.

Gradierungslager ganz weggeblasen.

Das Gradierungslager von G. W. Condon, an 42. und Harneystraße wurde gänzlich weggeblasen. Gradierungsmaschinen und Wagen wurden emporgehoben und über die nächstliegende Gegend verstreut. Das meiste davon war wenig beschädigt.

Ein Mann im Lager wurde getödtet, ein anderer tödtlich verletzt und zwei andere wurden schwer verletzt. Es befanden sich ungefähr zwanzig Mann im Lager. Fünf Maulesel wurden getödtet. Die siebzig Pferde im Lager blieben unverletzt.

Straßen waren unpassirbar geworden.

An vielen Punkten waren ganze Häuser in einem wirren Haufen auf die Seitenwege geworfen worden, große Bäume lagen quer über die Straßen und Trümmer aller Art bildeten einen Wall, der das Durchfahren eines Fuhrwerks unmöglich machte und das Weiterkommen von

Fußgängern sehr erschwerte. In der Dunkelheit und der Masse von gefallenen Drähten zeigte sich oft, daß der kürzeste Weg der war, einen Umweg von mehreren Blocks zu machen.

An 34. und Hawthorne Avenue, im Bemis Parkdistrikt, wo ein halbes Dutzend Häuser total zerstört waren, war der Ruin so vollständig und die Trümmer lagen in solchem Durcheinander auf einander, daß es tatsächlich unmöglich war, in der Dunkelheit zu sagen, wo einige bekannte Gebäude vorher gestanden hatten.

Ein Automobil lag auf der Seite auf dem Seitenweg an California Straße und lag fest gegen die Steinmauer, die den Joslyn Platz umgeben.

Fünf Schulgebäude zerstört.

Fünf öffentliche Schulgebäude hatten in der Sturmbahn gelegen und alle waren schlimm beschädigt worden. Die Bealschule hatte den ganzen Oberteil verloren, und muß neu gebaut werden; der Saundersschule wurde das Dach eingedrückt; die Longschule hatte alle ihre Fenster verloren und das Dach des Anbaues war weggerissen und die Lakeschule war beinahe vollständig zerstört.

Der Superintendent der öffentlichen Schulgebäude Duncan Findleyson war außerhalb der Stadt. Sein Heim war vollständig zerstört, und das Haus lag so flach auf dem Boden wie ein Blatt Papier. Die Familie war abwesend.

Das Heim von Prinzipal Rusmisel von der Hochschule des Handels im Bemis Parkdistrikt an 33. und Nicholas Straße war zertrümmert.

Dreißig Feuer folgen auf den Tornado.

Unmittelbar auf den Sturm von Sonntag Abend fügte Feuer seine Schrecken und Todesfälle zu dem Sturm-

Was kann noch Schlimmeres kommen?

Augenzeugen von der Zerstörungswut der Flut sahen Häuser im reißenden Wasser schwimmen wie Treibholz.

Der in Fr. Wahne angerichtete Schaden.

Ueberschwemmte beschen ihre zertrümmerten Häuser und besprechen Pläne für die leidvolle Gegenwart und bange Zukunft.

Ein Opfer der Flut in Dayton.

Der Mann, der in ein Boot getragen wird, war von den Hüften abwärts gelähmt worden, weil er viele Stunden im eiskalten Wasser stehen mußte.

Ueberschwemmte verlassen ihre überflutete Gegend auf dem Wege nach sicheren Plätzen, nehmen ihre Habseligkeiten, ihre Kranken und auch ihre Todten mit.

schrecken und vermehrte die Zahl der Katastrophen. Die Totalsumme aller Feuer, die in der Nacht auf den Sonntag ausbrachen war über dreißig. Sie zerstörten was der Sturm übrig gelassen hatte und richteten großen Schaden an. Die Feuer brachen aus von zerbrochenen Gasöfen und Gasröhren; in manchen Fällen wird man die wirkliche Ursache nie erfahren.

Gerissene Telegraphendrähte schnitten die Verbindung mit der Feuerwehr ab und die entfernten Kompanien mußten durch Reiter in Kenntnis gesetzt werden, was die Alarmrufe störte und verwirrte. Der Feuerwehrchef war außer Stande einen genauen Bericht von dem durch Feuer angerichteten Sachschaden auszustellen.

Eine lange Reihe von Häusern von Leavenworth bis zur Center Straße an 48. Straße war vollständig vernichtet, dies war wahrscheinlich das Feuer, das am längsten von allen brannte. Die Häuser waren in Ruinen als die Feuer ausbrachen und machten die Arbeit der Feuerwehr ungemein schwierig. Ungefähr zwanzig Häuser oder mehr wurden in diesem Feuer zerstört.

Ein anderes schlimmes Feuer zerstörte acht Häuser an Farnam Straße zwischen 42. und 43. Straße. Mehrere andere Häuser in dieser Nachbarschaft brannten, wurden aber nicht vollständig zerstört.

Auf den Zusammenbruch der Idlewild Poolhalle an 24. und Willis Avenue brach Feuer aus, welches die Neger in dem Gebäude einsperrte und viele kamen dort um.

W. C. McLeans Heim an 2705 Hamilton Straße befand sich unter denen, die schwer vom Sturm und Feuer litten.

Ein Warenhaus im Besitze von Fräulein Nettie Jerga, 2301 Süd 29. Straße wurde vom Blitz getroffen und gänzlich zerstört.

Ein nach dem Arzte geschicktes Kind verloren.

John Sullivan erlebte eine fürchterliche Nacht nach dem Sturm. Er rettete seine beiden kleinen Kinder indem er sie auf den Boden legte und dieselben mit seinem eigenen Körper bedeckte. Sein Gesicht war zerschnitten von fliegendem Glas und sein Kopf schwer verletzt. Seine Frau, die in den Keller floh, war schlimm am Rücken verletzt und verlor zwei Zehen, als ein schwerer Ofen auf ihren Fuß fiel.

Sullivans Mutter, Frau Julia Sullivan, die mit ihrer Tochter im nächsten Haus wohnte, wurde getödtet. Als er seine Mutter im Sterben fand, sandte er sofort seine kleine Tochter nach einem Arzt. Das Kind ging verloren. Der Vater wanderte die ganze Nacht barfuß in den Trümmern umher und suchte seine Tochter. Die Kleine wurde endlich gefunden und die Familie ging in ein Hotel.

Alte Frau blieb am Leben.

Das schöne Heim von Dr. D. C. Bryant an Sherman Ave. war vollständig zerstört, aber seine Bewohner, seine Frau und deren Mutter blieben unverletzt. Die beiden letzten indessen hatten viel auszuhalten. Frau Bryant, die mehrere Monate krank gewesen war, war am Ende ihrer Kraft. Ihre Mutter, im Alter von 92 Jahren, wurde aus den Ruinen ihres Kellers gegraben. Sie fanden bei Nachbarn, die glücklicher gewesen waren als sie, Zuflucht.

Mädchen auf den Furnace geblasen.

Das Haus von George W. Ketcham wurde durch den Sturm total zerstört. Er war Nachtwächter in der Win-

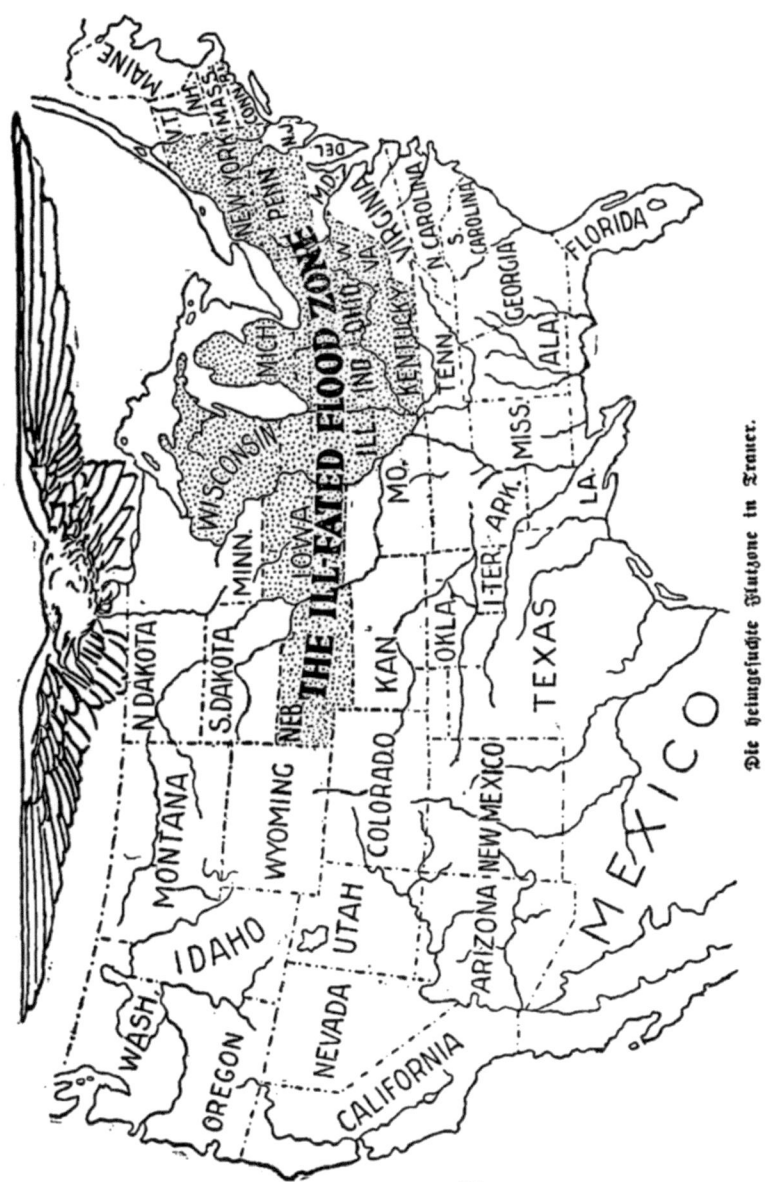

Die heimgesuchte Flutzone in Frauer.

ton Str. Car-Remise und war zur Zeit nicht zu Hause. Frau Ketcham wurde schwer verletzt. Frl. Ethel Ketcham wurde auf den Furnace geworfen und ihr Kopf und Gesicht wurden sehr verletzt. Earl Ketcham war im Hofe; das Haus wurde zerstört und ein Teil fiel auf ihn, und verursachte ihm schwere Verletzungen. Frl. Jean Watson war zu Besuch im Haus und wurde beschädigt. Ebenso trugen Fräulein Irene und Ruth Figge, die zu Besuch waren, Verletzungen davon. Das Einzige das die Familie und Besucher vor dem Untergang bewahrte, war, daß sie den Keller erreicht hatten in dem Augenblick als das Haus von seinen Grundmauern gerissen wurde, und die Zerstörung war so vollständig, daß die zählenden Berichterstatter das Haus nicht fanden, als sie die Liste der zerstörten Häuser feststellen wollten.

Getödtet als sie ihre Mutter retten wollte.

Der rührende Zug beim Tode von Mabel McBride, Tochter von Will McBride, Farnam Straße, war der, daß sie versuchte, ihre Mutter und kleinen Bruder, die aus dem Hause kommen wollten, zu schützen und zu retten. Sie hatte sie zusammen in einer Zimmerecke, als das Dach fortwehte, die Zimmerdecken stürzten und ein schweres Brett durchschlug, sie an den Kopf traf und sie damit sofort tödtete.

Der Sturm endete die Laufbahn eines Musikers.

Eine vielversprechende musikalische Laufbahn wurde durch den Sturm zu einem temporären Stillstand gebracht. Frl. Grace Slabaugh, eine Tochter von Richter Slabaugh, wurde mit zerschnittenen Sehnen ihres rechten Handgelenks nach dem Nicholas Senn Hospital gebracht. Sie ist eine fertige Pianospielerin.

Frl. Slabaugh gab viele Conzerte schon als Mädchen. Eine Studientour nach Europa war schon für sie geplant worden und man glaubte sie hätte eine große Laufbahn vor sich. Besucher aus musikalischen Mittelpunkten Europas, die durch Omaha reisten, hatten sie spielen gehört und erklärt, ihr Spiel sei ein Wunder.

Als sie von dem zerstörten Heim ihres Vaters an 40. und Dodge Straße in das Haus von Gus Renze, einen Block westlich, gebracht wurde, sah das Mädchen ruhig zu, wie Dr. Alexander, die Sehnen ihres rechten Handgelenks zusammennähte, denn sie hatte kein Betäubungsmittel genommen.

„Arbeiten Sie weiter, Doktor", war ihre Bemerkung.

Frl. Slabaugh war die beste Tennisspielerin in der Omaha Hochschule vor zwei Jahren.

Ein Grabstein vier Meilen fortgeweht.

An einen Baumstamm geworfen fand man vor dem zerstörten Hause von Charles A. Hofmann an Nord 28. Straße einen alten Grabstein von Eisen. Augenscheinlich war das Grabmal über vier Meilen geweht worden von dem Holy Sepulcher Kirchhof an 48. und Leavenworth Str., und war übersät mit Haustrümmern. Die Platte wog über 50 Pfund und trug folgende Inschrift: „Mamie Donahue, geboren Dezember 6, 1887 — gestorben November 30, 1890. Ist von unserem Heim weggegangen, aber nicht von unseren Herzen."

Der Wirbelsturm passirte durch West Lawn Kirchhof und den Böhmischen National Friedhof, beide an West Centre Straße, wo der Sturm in Omaha einfuhr; aber dieses Merkzeichen konnte kaum von irgend einem dieser beiden Friedhöfe kommen. West Lawn besteht erst drei

Jahre und der Böhmische Friedhof wird nur für Böhmen benutzt.

Eine Ecke des Holy Sepulcher Friedhofes wurde durch den Sturm berührt und man glaubt, daß das Grabmal von jenem Friedhof so weit getragen worden sei.

Herr Hofmann, ein Hufschmied, verlor sein Heim und alles, was darin war, aber seine Familie wurde gerettet.

Pferd hing in einem Baum.

D. H. Harris und Roy Perkins, Marktgärtner, von dem Territorium, das zwischen dem Carter und Florence See liegt, kamen nach Omaha mit dem Bericht, daß jenes Gebiet überschwemmt sei und daß ernstlicher Schade durch den Tornado angerichtet worden wäre.

Teils ganz, theils teilweise zerstört wären Swift's Lagerhaus und das Eigentum von Emil Papke, D. H. Harris, Otto Foot, Charles Junge, Peter Busch, Jack Wernbach und Roy Perkins.

Die Gewächs- und Grünhäuser der Gärtner wären zerstört und ungeheurer Schade wäre angerichtet worden durch die gänzliche Vernichtung von frühem Glashausgemüse.

Dieses Gebiet lieferte der Mit- und Nachwelt eine merkwürdige Geschichte von einem dummen Jungenstreich des Sturmes, der auf der Farm von Otto Hut vorgekommen sein soll. Der Tornado blies und hing Hut's Pferd und Buggy in einen Baum, zwanzig Fuß vom Boden. Das Pferd strampelte sich von dem Buggy los, fiel vom Baum herunter auf seine Füße und lief verdrießlich davon.

Heimstätte auf die Straße geworfen.

Das Heim von Herrn und Frau R. A. Thompson an 16. Straße und Sherman Avenue wurde von seinem

Fundament gehoben und auf der Straße niedergesetzt, wo es dann eine zerbrochene verwüstete Masse darstellte. Nicht ein Haus an Binway Straße östlich bis Sherman Avenue wurde verschont. Herr und Frau Thompson waren nebst ihrer kleinen Tochter Ruth glücklicherweise nicht zu Hause, als der Sturm kam.

Fleißig bei der Rettungsarbeit.

Dr. Charles Needham, dessen Heim an 36. und Burtstraße zuerst durch den Sturm zerstört und dann durch Feuer vernichtet wurde, half bei der Rettungsarbeit an T. B. Norris Haus an Burtstraße, wo drei Personen getödtet wurden. Die Leiche des kleinen Norris-Mädchens wurde in den Ruinen des Hauses bei Tagesanbruch gefunden.

Ungeheurer Verlust an Automobiles.

Automobiles, die vom Sturm aufgegriffen und in allen Richtungen entführt und geschleudert wurden, waren nach dem Sturm in verschiedenen Graden von Zerstörung in allen Stadtteilen zu finden. Der Verlust an Automobilwerten machte einen großen Teil des allgemeinen Eigentumverlustes aus. Eine Maschine, ein elektrisches Coupé, wurde von der Straße an 37. und Farnam Straße aufgehoben und gerade in die Höhe durch die Luft einen halben Block über den Seitenweg getragen und auf der anderen Seite niedergeschleudert und im Kot begraben, der über die Räder ging. Ein anderes Automobil wurde an 39. Avenue gesehen, das zermalmt an einer Granitmauer lag. Viele Kutscher, die von dem Sturm überrascht wurden, waren schlimm verletzt worden.

Ein anderer sonderbarer Einfall des Sturmes.

Ein andres Automobil an Nord 38. Straße, nahe Webster Straße, hatte in einer Garage gestanden. Dieselbe wurde von ihrem Fundament losgerissen und unterst zu oberst hundert Yards weit geschleudert. Das Automobil stand auf der Decke des Gebäudes, welches unterwegs seine Wände und Fußböden verloren hatte.

Aufräumung der Trümmer.

Bei Tagesanbruch traten viele Mannschaften die von den elektrischen Licht- und Telephongesellschaften ausgesandt waren, mit Ausrüstungen an die Arbeit, um die zerstörten Gebiete auszubessern. Sie kamen mit Spitzäxten und Schaufeln u. a. m. und begannen mit der anscheinend endlosen Arbeit, die Trümmer, die tonnenweise umherlagen, aufzuräumen. Die Straßenbahngesellschaften hatten die ganze Nacht Leute an der Arbeit, um den lahmgelegten Straßenbahndienst wieder in Ordnung zu bringen.

Die Zerstörung von hunderten von Heimstätten bedeutete für die Eigentümer einen Totalverlust und war besonders schwer für die, die weiter nichts besaßen als ihr Heim, da nur sehr Wenige ihr Eigentum gegen Tornado versichert hatten.

Was Staatssekretär Bryan über den Sturm sagte.

Auf der Veranda seines Hauses in Fairview stand Wm. Jennings Bryan und beobachtete die wirbelnden Zwillingstrichter der Zerstörung hoch oben und südlich von Lincoln am Sonntag Abend, den 23. März.

Die drohenden Wolken zogen seine Aufmerksamkeit auf sich und mit Frau Bryan und Rob. Roß, seinem Privatstenograph, berechnete er kühl, wo die Zerstörung stattfinden würde, obgleich die Größe des Verlustes an Menschenleben und Eigentum seine Befürchtungen weit überstieg. Bei seiner Ankunft in Chicago drei Tage später war seine erste Frage nach den letzten Berichten über den Schaden.

Von meinem Hause in Fairview, sagte der Sekretär, konnte ich zwei sich drehende wirbelnde trichterartige

Wolken sehen. Als wir sie zuerst erblickten, waren sie hoch oben, drehten sich allmählich gegen den Grund und machten die Niederfahrt in großen Bogen.

Es war ungefähr 5.30 Uhr und die wirbelnden Wolken boten einen schreckenerregenden Anblick. Es schien ein Wunder, wenn der Sturm Lincoln nicht getroffen haben sollte. Die Leute standen in den Straßen und beobachteten dieses Schauspiel von drohendem Tod und Verderben von ferne.

Auf unserem Wege nach dem Osten schien unser Zug der Sturmbahn auf dem Fuße zu folgen. Ein Städtchen nach dem anderen war dem Erdboden gleichgemacht. In einigen Plätzen zeigte kein Dach, wo eine Wohnung gestanden hatte. Ueberall waren die Leute dabei in den Ruinen zu graben und zu suchen und entfernten gefährliche Teile zerstörter Gebäude und suchten wieder Ordnung in das Chaos zu bringen.

Der Sturm hatte sein Auge auf Omaha.

Der Anblick des angerichteten Schadens war genug zu zeigen, was der unmittelbare Stoß des Wirbels überall getan haben mußte. Auf Omaha schien der Sturm es besonders abgesehen zu haben. Die große sich drohende Sturmwolke drehte sich oft weg von Städten und als sie über Omaha kam, fiel sie darüber her.

In der Nähe von Omaha ist das Land großenteils verschont geblieben; der Sturm aber fuhr gerade durch Omaha und riß Gebäude ein und machte sie zu Trümmerhaufen.

Sekretär Bryan war begierig zu erfahren, welcher Schaden in Ohio angerichtet worden sei, und als ihm gesagt wurde, daß Dayton unter Wasser sei, sprach er seine Sympathie mit den obdachlos gewordenen aus.

„Augenscheinlich sollten wir im Westen ganz besonders unsere Sympathie jetzt mit den Ueberschwemmten aussprechen, während uns Sympathie entgegengebracht wird. Es ist schrecklich, was man von der Ueberschwemmung hört, aber ich hoffe aufrichtig, daß die entsetzlichen Berichte von so großem Verlust durch die vorhanden gewesene Aufregung der Bevölkerung stark übertrieben waren."

Szene in Dayton, nachdem das Wasser teilweise gefallen war.

Die Hochfluten in Ohio und Indiana

Kapitel I.

Ein Unglück auf das andere.

Kaum hatte das Publikum sich erholt von dem ersten Schrecken über die Folgen des Wirbelsturmes, der einen bedeutenden Teil der Stadt Omaha in Nebraska am Ostersonntag des Jahres des Heils 1913 verwüstete, als Pelion auf Ossa gewälzt, Unglück auf Unglück gehäuft wurde durch die schrecklichen Fluten im Ohiotale.

Die Sympathie der Nation mit der heimgesuchten Stadt Nebraskas zeigte sich in vollem Maße. Nur achtundvierzig Stunden waren verflossen seit die Unglückswolke in den Vorstädten Omahas ihr Erscheinen gemacht, Tod und Zerstörung in ihrer Bahn angerichtet und hinter sich gelassen hatte und weiter gezogen war. Der Präsident der V. St. war eben in Kenntniß gesetzt worden von dem vollen Umfang des Schadens. Seine Beileidsschreiben und Anerbietungen von Hülfe von Seiten der Regierung waren abgesandt. Hülfskomiteen waren gebildet worden, die Rote Kreuz Gesellschaft hatte kaum mit ihrer hülfreichen Hand ihr Liebeswerk begonnen — in Kurzem die Wut des Wirbelsturmes hatte sich kaum gelegt — als die Kunde von einem neuen Unglück, berichtet von der schönen Ohiostadt Dayton über die elektrischen Drähte lief. Aller Augen und Sinne wandten sich nach dieser Richtung, wo die Not mit ihren unabweislichen Appellen um sofortige Hülfeleistungen an Aller Herzen klopfte.

Was war in Ohio so Schreckliches geschehen, das die Aufmerksamkeit Aller zeitweilig von den Szenen des Todes und der Not in Nebraska ablenken konnte?

Was war der neue Schrecken, der die vom Wirbelsturm angerichtete Zerstörung so gering erscheinen ließ? Welche mächtige Naturgewalt war zur allgemeinen Zerstörung entfesselt worden?

Erdbeben, Feuerswüten, Sturmesbrausen — all diese haben in amerikanischen Heimstätten schon Opfer gefordert, haben amerikanische Städte verwüstet und einen schweren Zoll von Menschenleben erhoben, aber weder Erdbeben, noch Feuer, noch Sturmwind war hier der Zerstörer gewesen. Wasser, seiner Bande entledigt, hatte das Werk der Zerstörung getan.

Selbstverständlich haben Telegraph und Telephon bald die Unglücksbotschaft berichtet. Freilich in der Stadt selbst, wo der Tod unvergeßliche Stunden lang in den überfluteten Straßen und Häusern seine Ernte gehalten und weder das Alter noch Geschlecht noch Umstände geschont hatte, waren auch fast alle Mittel sich mit der Außenwelt in Verbindung zu setzen, abgeschnitten, und von diesem Mittelpunkt der Zerstörung kam nur auf einem einzigen Draht in kümmerlicher Weise der traurige Bericht von einer verheerenden Flut, die Trauer und Elend herbeigeführt hatte, zur Außenwelt.

Eine schöne Stadt, berühmt durch ihre Unternehmungen, wegen ihres Handelserfolges, wegen ihres Glanzes und anziehenden Umgebung und besonders wegen ihres städtischen Stolzes — war Dayton doppelt geschlagen durch die Wucht der schlimmen Gewässer, und mußte das Schicksal des Hauses, das auf den Sand gebaut war, über sich ergehen lassen.

„Die Wasser rauschten daher und die Regen kamen und schlugen an das Haus und es fiel und tat einen großen Fall."

Dann zeigte es sich bald, daß die Stadt Dayton in

ihren Leiden nicht allein stand. Frei von den Banden, darein Natur und der Mensch sie gehalten, hatten die wild gewordenen Wasser mehr Opfer gefordert und dieselben auch in großer Anzahl gefunden.

Gebrauchen Kraftboote, um Ueberschwemmte zu retten.

Eine mächtige Ueberschwemmung, Lawinen von Wassern hatten plötzlich einen wunderbar blühenden Teil des mittleren Westens überfallen und fruchtbare Felder und viele blühende Städte in eine große Wüste von Tod und Zerstörung verwandelt.

Gespeist durch die anhaltenden Regen eines stürmischen Frühlings und durch die schmelzenden Schneemassen der Hochebenen, waren Dämme geborsten, angeschwollene Reservoirs hatten ihren Inhalt weithin über das Land ergossen, und alle vereinigten sich zu todtbringenden Strömen, die Alles was ihnen im Wege stand, mit sich fortrissen.

Menschen waren nach hunderten weggerissen und ertrunken; Häuser wurden von ihren Fundamenten losgerissen und weggeschwemmt in den unwiderstehlichen Fluten, und ihre Bewohner mußten wie die Ratten in der Falle elendiglich ertrinken; Eigentum im Werte von unzähligen Millionen war zerstört worden; zehntausende waren heim- und obdachlos geworden und die Gefahren des Todes, der Hungersnot und der Pestilenz starrten ihnen ins Angesicht.

Man stelle sich vor den Schrecken der mit jeder Minute anschwellenden und steigenden Gewässer, die alle außer die höchsten und festesten Gebäude zu zerstören drohten. Freunde, Verwandte und Nachbarn verschwanden mit ihren durch das wildgewordene Wasser weggeschwemmten Häusern. Ueber den weiten offenen Plätzen, durch die Parks oder in den Straßen kamen die Trümmer und Ruinen von dem was vor einer Stunde noch, glückliche und blühende Heimaten waren. Nicht nur ein Haus hier und da, sondern ganze Häusergevierte, ganze Nachbarschaften wurden von den tobenden Wassern verschlungen und mit ihnen hinweggeschwemmt.

O, die Schrecken der langen Nacht, die darauf folgte.

Hier eine Ortschaft unter Wasser; dort eine Stadt voller Leute, die sich abmühten, während der Stunden

der Dunkelheit sich am Leben zu erhalten, ohne Licht,
ohne Wärme, ohne Wasser. „Wasser, Wasser, rundum
Wasser, doch kein Tropfen zum trinken." Keine Nahrungsmittel, keine Boote, mit denen man hätte hinwegfahren
oder mit welchen man Hülfe sich verschaffen konnte. Nur
die blasse Hoffnung, daß man gerettet werden und die
noch geringere Hoffnung, daß die Wasser bald nachlassen
und zurückweichen würden. Kein freundlicher Lichtschim-
mer in den Nachbarhäusern, der von Menschennähe und
möglichen Rettungsaussichten ein Hoffnungsstern gewesen wäre.

Ha! Was ist das? Der Stoß eines vorbeischwimmen-
den Hauses, das allen anderen, an die es stößt auf seinem
Wege mit Vernichtung droht. Die Kadaver von Pferden,
Ochsen, Schafen und Schweinen werden an die bebenden
Hausmauern und Wände geschwemmt und jeder Stoß
läßt die schlaflosen Bewohner noch mehr erzittern.

Und dann noch viele andere und bedeutsamere Trümmer werden von den wilden Wassern fortgetragen und
flüchtig erblickt von denen, die durch die oberen Fenster
ihrer schwankenden Häuser in Todesangst mit blassen Ge-
sichtern hinausstarren. Leichen von Menschen schwimmen
vorbei, arme zerrissene Hüllen von menschlichen Wesen,
die der unpassenden unsicheren Lage ihrer Heim- und
Wohnstätten zum Opfer gefallen sind, oder auf ein solches
Schicksal nicht vorbereitet waren.

Hier schwimmt alles, was übrig ist von einem Vater,
der vielleicht noch gestern Abend seine Kinder in seinem
Heime um seine Knie versammelt hatte und ihnen die ur-
alte Geschichte von der Taube erzählte, die Noah aus der
Arche während der ersten aller Fluten fliegen ließ und die
zurückkam weil sie auf der Erde keinen Ruheplatz, worauf
sie sich hätte niederlassen können, hatte finden können.

Jene auf dem Wasser treibende Masse mit langem Haar und Umrissen, ein weißer Fleck in der gelben Flut war noch gestern eine glückliche, liebende Mutter — bis die rauschenden Wasser sie in ihrem Heim, in welchem sie zufrieden ihren häuslichen Geschäften nachging, allein zu Hause überraschten — ihre Kleinen waren sicher aufgehoben in der Schule und der Verdiener, geliebt vom ganzen kleinen Familienkreis, bei seiner täglichen harten Arbeit beschäftigt, glücklich im Bewußtsein des sicheren Besitzes einer glücklichen Familie und voll Hoffnung auf ein ferneres Fortkommen in der Welt und Wohlstandes in der Zukunft.

Und dort die Leichen kleiner Kinder, hier und dorthin von den Fluten gestoßen.

Jedoch das Gemüt schreckt davor zurück sich noch weiter die Schreckensszenen auszumalen, wie sie geschaut oder gefühlt wurden.

All die schaurigen Einzelheiten der Szenen des Todes und der Zerstörung können nicht im Raum eines einzigen Buches geschildert werden, aber doch genug, um ein klares Bild zu geben von den Zuständen, die in der Stadt Dayton und anderen Plätzen nach der Ueberschwemmung herrschten. Mögen die Lehren, die uns die Fluten, von welchen ein großer Teil von Ohio und Indiana, wie letztere noch weiter berichtet werden, heimgesucht wurden, uns zu Herzen gehen und möge auch das Unglück dazu dienen, daß jeder mithelfe, daß ähnliche schwere Unglücksschläge in der Zukunft möglichst verhindert werden.

Kapitel II.

Ein nationales Unglück.

Die ersten Berichte vom überschwemmten Distrikt waren durch Furcht und Schrecken übertrieben worden. — Die wirklichen Ereignisse geschildert. — Ursachen der Fluten. — Die Flüsse waren durch den langanhaltenden Regen ausgetreten.

Ein Unglück, das zur Zeit als es eintrat, in seinem Umfang, was Opfer von Menschenleben und Zerstörung betraf, nur mit dem Schrecken eines Krieges verglichen werden konnte, suchte einen ansehnlichen Teil der Staaten Ohio und Indiana in den Tagen vom 25. März 1913 anheim. Wasserfluten überschwemmten alle die Flußstädte dieser beiden Staaten und Feuer vermehrte den Schrecken und die Zerstörung in einigen der unter Wasser stehenden Städte.

Die Hauptstätte der Verwüstung war nach den ersten Berichten die schöne Stadt Dayton, Ohio, wo es hieß, daß mehrere tausend Menschen ertrunken seien. Zehntausende sollten obdachlos geworden sein und die Todtenziffer für den ganzen Staat, erreichte nach den ersten Berichten eine entsetzliche Höhe; allein diesen Schätzungen lagen dürftige und bruchstückartige Berichte zu Grunde, welche sich später als unwahr erwiesen.

Während der auf die Flut folgenden Nacht sollten nach diesen Berichten verzweifelte Flüchtlinge von den tiefgelegenen Ländereien nach höher gelegenen Orten geflüchtet sein. Der Verlust an Eigentum wurde zuerst auf mehr als 100 Millionen veranschlagt und es sollten wenigstens 5 Millionen sofort nötig sein, um die Obdachlosen mit dem Nötigsten zu versorgen und sie unterzubringen. Ein Appell an die allgemeine Wohltätigkeit erging durch die Zeitungen.

Diese Berichte, die der amerikanische Bürger an jenem für zehntausende bedeutungsvollen Morgen des 26. März in seiner Morgenzeitung beim Frühstückstische las, rüttelten ihn wirksam auf aus seiner scheinbaren Sorglosigkeit und verwandelten ihn in einen wirksamen Mithelfer voll Sympathie für die heimgesuchten Städte des Mittelwestens.

Dann folgte eine allgemeine Nachfrage nach genaueren Berichten über die Größe und den Umfang der Flut und und in wenigen Stunden brachte Telegraph und Telephon Bestätigungen aus der Hauptstadt in Ohio:

„Der mittlere Westen ist heute in der Gewalt der größten hier jemals erlebten Flut, die auf die Stürme folgte, die in den letzten zwei Tagen das Land von Nebraska bis Vermont heimsuchte."

Der Staat Ohio vom Maumee bis an den Ohio ist heute ein großer inländischer See und die schrecklichsten Berichte hört man über Dayton, der Circusstadt in Ohio.

Ein Damm, der den Miami bei Dayton hielt, brach am Dienstag Morgen und bald war die Stadt überschwemmt in einer Tiefe von sieben bis zwölf Fuß. Viele Gebäude waren eingestürzt — da brach auch der letzte Draht, der Dayton mit der Außenwelt in Verbindung gehalten hatte und man hörte nichts Gewisses mehr.

„Bis sechs Uhr gestern Abend waren nach zuverläßigen Berichten sechzig Personen ertrunken, aber von dieser Stunde an liefen Gerüchte von größerer und beinahe unglaublicher Höhe ein."

„Ein Reservoir bei Lewiston sollte gebrochen sein und eine weitere Flut über die geschlagene Stadt ergossen haben." Ein anderer Bericht lautete, daß fünftausend Personen umgekommen seien und daß die Stadt unter vierzig Fuß tiefem Wasser begraben sei.

Leichen schwammen in den Straßen.

Ein anderer Bericht, der auch der Bestätigung entbehrte, lautete dahin, daß die Leichen von Menschen in den die Straßen überflutenden Wassern in und bei Dayton umhertrieben.

„Ein anderer Bericht, der über Anderson, Ind., kam, sagte, daß die Stadt Celina, Ohio eingeschlossen sei von den Wassern des gebrochenen Grand Reservoir und daß der Verlust an Menschen mehr als fünfhundert betrage. Das Grand Reservoir ist ein großer See mehrere Meilen im Umfang, das gerade außerhalb der Stadt östlich liegt und seine Wasser wurden durch einen ungeheuren Damm zurückgehalten. Der Bruch dieses Dammes würde die Stadt auf dieselbe Weise überschwemmen, wie Johnstown überschwemmt wurde, als dort der große Damm brach.

„Aus Hamilton, Ohio, kam ein Bericht, daß die Flut eine Anzahl von tausend Menschenleben gefordert habe.

„Aus Piqua, Ohio, kam der Bericht, daß der Verlust dort fünfhundert erreiche.

„Aus Peru, Indiana, kommt um Mitternacht die Nachricht, daß zweihundert Personen in den dortigen Fluten umgekommen seien.

„Alle diese Berichte bedurften erst der Bestätigung. Von jeder Stadt und jedem Städtchen in Ohio, mit denen noch eine Drahtverbindung möglich war, kamen Berichte von Tod und Unglück."

Auf diese ersten Berichte, die Bestürzung und allgemeine Sympathie über die ganzen Vereinigten Staaten hin hervorriefen, folgten allmählich über die Drähte aus den heimgesuchten Städten ruhigere und zuverlässigere Berichte, aber selbst diese waren noch traurig genug.

Ein großer Teil der Stadt Dayton war von den rauschenden Wassern überschwemmt worden; sein Geschäftsteil, Wohndistrikte und Vorstädte waren alle in der Gewalt der Ueberschwemmung; viele Männer, Frauen und Kinder, wenn auch glücklicherweise keine hunderte, waren ertrunken; tausende waren in der Tat obdachlos und ungeheurer Schaden war angerichtet worden.

Tod und Verwüstung bringende Ueberflutungen bestanden auch in den Ohiostädten Cincinnati, Cleveland, Piqua, Hamilton, Delaware, Sidney und anderen Städten und Städtchen, die großen Verlust von Menschenleben und Eigentum berichteten.

In dem Staate Indiana wurden ähnliche Zustände berichtet von Terre Haute, Peru, Shelbyville, Kokomo, Richmond, Marion, Ellwood, Lafayette und anderen Plätzen.

Aus allen diesen Städten und Städtchen wurde der Zustand der obdachlos gewordenen Flüchtlinge als jammervoll geschildert und schnell wurden Maßregeln ergriffen, um ihnen Hülfe zu senden an Nahrungsmitteln, Kleidung, Aerzte und Medizinen und Krankenwärter wurden abgeordnet, um die Kranken und die Verletzten zu pflegen.

Häuser erdrückt wie bei einer Hochflut.

Der Miamifluß strömt in die Stadt Dayton ein von Norden her und läuft gerade südlich zwischen dem Residenzdistrikt von Nord-Dayton und Riverdale; dann dreht er sich scharf nach Westen und nach kürzerem westlichen

Laufe dreht er wieder kurz nach Süden. Ein wichtiger Teil der Stadt liegt so gerade innerhalb des Bogens, den die scharfe Wendung des Stomes macht, in den mehrere kleine Flüße sich ergießen.

Soldaten und Krankenpfleger vom Roten Kreuz bei ihrer Hilfsarbeit Notfallhospital sichtbar im Hintergrund.

Der unheilvolle Bruch der Dämme, die den Fluß in seinen Grenzen halten sollten, trat augenscheinlich auf der linken Seite des Flußes ein, gerade ehe sich der Madfluß in denselben ergießt. Das Wasser strömte über die linke

Mauer in die dritte Straße hinein und fünfzehn Minuten später in die Main Straße, worauf die Hauptstraßen, die man bisher niemals in Gefahr glaubte, zehn Fuß unter Wasser standen.

Viele Gebäude auf den Flußufern waren durch das Steigen des Wassers so unsicher geworden, daß sie von ihren Fundamenten innerhalb einer Stunde abgehoben und weggeschwemmt wurden. In einem Distrikt waren ganze Blocks von dicht besiedelten ein- und zweistöckigen, meist von Leuten der lateinischen Rasse bewohnten Häusern der Willkür des Wassers und Wogen preisgegeben. Viele von diesen kleinen Häusern wurden von ihren Fundamenten losgerissen und große Haufen von Steinen und zertrümmertem Bauholz blieben zurück, um die Wut der entfesselten Elemente zu verkünden.

Dayton und seine Dämme.

Der Flußdamm in Dayton, Ohio, der stark gebaut ist aus Kies, hat eine durchschnittliche Höhe von ungefähr zwanzig Fuß in den Hauptteilen der Stadt.

Er ist über zwölf Fuß breit oben und ungefähr fünfunddreißig Fuß am Boden. Er ist breit genug, daß Kutschen auf ihm fahren können. Der Damm ist an manchen Stellen des Flußlaufes unterbrochen.

Dieser Fluß, der die Stadt in zwei Hälften teilt, ist an den meisten Punkten in Dayton annähernd 250 Fuß breit. Wolf Creek, ein Seitenflüßchen, das von Westen kommt, hatte bisher meistens einzelne Teile Daytons überschwemmt.

Nord-Dayton hat bisher meistens unter den Ueberschwemmungen gelitten.. Es liegt an einer weiten Biegung des Flusses. Der mittlere Teil Daytons liegt tief und flach. Der höchstgelegene Teil Daytons ist Ost-Dayton. Die Bevölkerung ist gut verteilt in für sich stehenden Häusern ohne Ueberfüllung des Stadtteils.

Die Ursachen der Ueberschwemmung in Dayton.

Während der achtundvierzig Stunden, die um 1 Uhr am Dienstag Morgen, den 25. März 1913 endeten, waren in Cleveland, Ohio, nicht weniger als 5½ Zoll Regen, der schwerste seit Menschengedenken gefallen.

Berichte weisen nach, daß dieser Zustand nicht bloß in Cleveland sondern auch im größeren Teile von Ohio und Indiana herrschte. Schwere Regenschauer wurden Dienstag Nacht von Ost-Ohio berichtet und alle Flüsse und Bäche waren bereits angeschwollen. die Zustände waren überall reif für die Brüche von Dämmen und Deichen in jener Nacht.

Vier Flüsse, die den Distrikt, in welchem Dayton als Mittelpunkt lag, dominierten, trugen ihre Wassermassen herbei und flossen zusammen zu einem gewaltigen Strom, der sich über die der Zerstörung geweihten Städte ergoß in jener verhängnisvollen Dienstag Nacht. Dies waren die Flüsse Miami, Scioto, Wabash und White River, welche die in den nun folgenden Seiten dieses Buches beschriebenen, von ihnen drainirten Distrikte überschwemmten.

Es gab zwei Wasserreservoire am Miamifluß, die sich oberhalb Daytons befanden. Der eine war bekannt unter dem Namen Powerhouse Reservoir und der andere unter dem Namen Lewiston. Der Miami war am Dienstag voll bis an den Rand seiner Ufer und Dämme bildeten einen Ring um einen beträchtlichen Teil Daytons. Da brachen die Wasser des Powerhouse Reservoirs hervor und ergossen sich über den schon vollen Miamifluß und eine ungeheure Woge wälzte sich nun plötzlich heran gegen die Stadt und ergriff die Holzhäuser auf dem Wege wie Holzspähne und erdrückte Backsteinfabriken und große Gebäude mit ihrem unwiderstehlichen Anprall und Wucht.

Flüsse, die die Zerstörung anrichteten.

Vier Flüsse waren es hauptsächlich, die die Ueberschwemmung in Ohio und Indiana verursachten:

Der Miami. — Er fließt durch teilweise angeschwemmte Täler in einem seichten Flußbett, mit langsamem Lauf und niedrigen Ufern. Er hat seinen Ursprung auf der niedrigen Wasserscheide des mittleren Ohio und berührt die Städte Hamilton, Dayton, Troy, Piqua, Sidney, Middletown, Miamisburg und andere geschäftige Städte auf seinem Laufe. Diese Städte litten alle schwer unter der Ueberschwemmung. Der Miami ergießt sich in den Ohiofluß an der Südwestecke des Staates an der Grenze von Indiana.

Der Sciotofluß. — Er entspringt in der centralen Wasserscheide des Staates Ohio und mündet in den Ohio bei Portsmouth. Die Städte Columbus, Circleville und Chillicothe liegen an seinen Ufern. Von diesen wurde Columbus an meisten betroffen.

Der Wabashfluß. — Er entspringt in der Ohio-Wasserscheide und fließt durch den Staat Indiana. Unter den vielen Städten, die an seinem Ufer liegen, hat Peru, sechzehn Meilen östlich von Logansport, am meisten gelitten. Terre Haute, an dem Laufe des Wabash, schon schwer beschädigt durch die letzten Stürme und den Wirbelsturm, der es Sonntag Nachmittag den 23. März heimsuchte, wurde auch betroffen von der Flut in den Flußteilen der Stadt. Lafayette wurde teilweise überschwemmt.

Tobende Stürme   89

White River. — Ein Nebenfluß des Wabash. Der westliche Arm dieses Flusses verursachte die große Zerstörung in West-Indianapolis.

Diese südlich fließenden Ströme, die durch reiche Täler mit wohlhabender ackerbautreibender Bevölkerung fließen und an deren Ufern sich Städte befinden, mit zahlreicher Bevölkerung, gewinnbringenden Fabriken, welche wegen der ausgezeichneten Transportationsgelegenheiten so gediehen, mit billigen Kohlen und Naturgas gesegnet, — diese Ströme waren jetzt überfüllt mit verderbenbringenden Wassern, die keinen anderen Ausweg fanden, als sich über blühende Farmen, Städte und Städtchen zu ergießen, überall plötzliche Bestürzung, Zerstörung, Tod und Verwüstung anrichtend. Denn viele wurden überrascht ohne eine Ahnung von der schrecklich nahen und großen Gefahr zu haben.

Aus der Flut herausgetragen.

Kapitel III.
Eine Nacht des Schreckens.

Lange und bange Stunden für unter Wasser gesetzte und isolirte Bewohner. Dayton einen bangen Tag lang abgeschnitten von der Außenwelt. — Gouverneur Cox appellirt an die Wohltätigkeit. — Die Arbeit der Rettung beginnt.

Eine Nacht, an die viele Tausende mit Grauen denken werden, folgte auf die Ueberschwemmung der überfluteten Distrikte. Die Verbindung Daytons mit der Außenwelt war tatsächlich in jener verhängnißvollen Dienstagnacht gelöst und nur die dürftigsten Berichte von den wirklichen Zuständen kamen aus der heimgesuchten Stadt.

Hunderte die ihr überflutetes Heim nicht erreichen konnten, hatten in den größeren Geschäftshäusern Unterkommen gefunden oder waren dort dem Wasser preisgegeben, das stündlich zunahm. Die städtische Lichtleitung war abgeschnitten; Heizvorrichtungen arbeiteten nicht und während der langen Nacht herrschte Angst und Leiden in Häusern, Läden, Officegebäuden besonders seitens der Frauen und Kinder; große Angst herrschte überall.

Alles betete, daß doch Tag würde und die Wasser, die sie zu Gefangenen machten, zurückweichen möchten. Aber als es endlich Tag wurde, da gab es wenig, den müden, hungrigen und traurigen Leidenden der Nacht Aufmunterung zu geben. Die Stadt war zur Wasserwüste geworden und die Aussichten für baldige Hülfe schienen sehr gering. Der einzige Telephondraht, der benutzt werden konnte, brachte etwas Hoffnung durch die Nachricht daß die Staatsregierung bereits ihr Bestes tue, um Mittel der Rettung und Hülfe in die Stadt zu bringen. So ging der lange Tag dahin und die Dunkelheit brach wieder herein, mit der Aussicht auf eine Wiederholung der Schrecken der letztvergangenen Nacht.

Gouverneur appelliert an das Rote Kreuz.

Das folgende Telegram wurde von Gouverneur Cox, als das Tageslicht des 26. März die ganze Ausdehnung des Unglücks offenbarte, an Frl. Isabella Boardman, Vorsitzer der Rote Kreuz-Gesellschaft in Washington gerichtet:

Mabel T. Boardman, Washington, D. C.

Nach jetzigen Berichten ist die Lage in Dayton, O., sehr kritisch. Mehr als die halbe Stadt steht unter Wasser. Der ganze untere Distrikt ist unter Wasser. Piqua, Sidney, Hamilton und Middletown sind auch in großer Not. Die meisten unserer Militärtruppen werden bereits in verschiedenen Teilen des Staates verwendet. Wir haben Hülferufe von einigen Teilen des Staates per Telephon erhalten, daß Frauen und Kinder im zweiten Stock ihrer Wohnungen durch Wasser eingeschlossen sind. Boote werden überland auf Wagen schleunigst expedirt, da der Eisenbahndienst in den überfluteten Distrikten brach liegt. Wir schätzen Ihr Interesse und Mithülfe hoch.
Unterzeichnet
James M. Cox,
Gouverneur.

Frl. Boardman antwortete sofort wie folgt:

Gouverneur James M. Cox, Columbus, O.

Habe an Rote Kreuz Repräsentant, T. J. Edmunds, Cincinnati, telegraphiert, sogleich wenn möglich nach Dayton abzureisen. Ich bemühe mich Nationaldirektor Bicknell auf seinem Wege nach Omaha zu erreichen und sich, da seine Dienste dort wegen der Anwesenheit von Herrn Lies aus Chicago nicht so dringend notwendig sind, von der Sachlage in Dayton zu verständigen. Wenn Sie es für nötig halten, so erlassen Sie als Präsident der Rote Kreuz-Gesellschaft einen Appell an den Staatsfond.

(Gezeichnet) Mabel T. Boardman,

Vorsitzer der National-Hülfsgesellschaft, Washington.

Dayton als „verlorene Stadt" erklärt.

Eine Depesche aus Dayton, Mittwoch Nacht, erklärte: „Dayton ist wie eine verlorene Stadt. Es ist gänzlich von der übrigen Welt abgeschlossen. Seine Isolierung ist beinahe vollständig. Nur eine Telephonlinie ist im Gange und dieß ist ein Privatdraht zwischen Dayton und Lebanon. Die Stadtregierung ist gänzlich vom Wasser eingeschlossen. Nichts hat man von ihr gehört, seit die Flut die Stadt überfiel. Sie kam so schnell, daß Niemand vorbereitet war.

Die einzige organisirte Hülfsbewegung ist die, welche unter Leitung der National Cash Register Company steht, deren Fabrik sich außerhalb der Wasser- und Feuerzone befindet.

Die ganze Mannschaft dieser Organisation ist an die Hülfs- und Rettungsarbeit gegangen. Nicht ein Rad hat sich in der Fabrik der Registercompany seit letzten Dienstag Morgen gedreht, und jeder Angestellte ist mit Rettungsarbeit beschäftigt.

„Die großen Anlagen sind in eine Rettungsmission und Hospital verwandelt worden und tausend Personen schliefen auf den strohbedeckten Fußböden in letzter Nacht. Speise- und Ruhezimmer für Frauenangestellte wurden in Speisezimmer für Obdachlose verwandelt. Beinahe

Tobende Stürme   93

alle im Bereich stehenden Nahrungsmittel wurden von der Company zum Besten der notleidenden Opfer aufgekauft.

Patterson rettet Frauen.

Dayton hat wieder neue Ursache zu Vertrauen zu Joh. H. Patterson, dem Manne, der Dayton auf die Karte brachte. Barfüßig watete er gestern durch die Fluten, um Familien aus unter Wasser stehenden Häusern zu retten. Er ruderte das Boot selber und ist beinahe siebzig

Jahre alt. Er hat zwei Kinder, einen Sohn, Friedrich, und eine Tochter, Dorothea.

Der Sohn führte eine Rettungsmannschaft an und Frl. Dorothea, in alten Kleidern und aufgelösten nassen Haar, stand im Regen stundenlang, um die Geretteten zu empfangen, als sie in Automobiles gebracht wurden. Die einunddreißig Maschinen der Cash Register Company wurden zur Rettung und zum Transport der Opfer in den Dienst gepreßt. Man fand, daß Dayton nicht genug Nachen hatte, so ließ Patterson sofort von seinen Zimmerleuten 100 kleine Boote anfertigen. Sie wurden fertig ehe es Nacht wurde.

Telephonmädchen lassen Notrufe ergehen.

Frank Brandon, Vizepräsident der Dayton, Lebanon und Cincinnati Eisenbahn hatte Erfolg am Tage einen Telegraphendraht von Dayton nach Lebanon herzustellen. Er sagte, die Lage sei schrecklich und außerhalb aller Controlle.

„Nach meinen Berichten spottet die Lage aller Beschreibung," sagte Mr. Brandon. Was die Leute am meisten brauchen, sind Boote. Das Wasser steht hoch in jeder Straße und Hülfe diesen späten Nachmittag zu bringen war einfach außer Frage. Wir ordnen mehrere Spezialeisenbahnzüge mit dem Nötigsten aus und machen alle Anstrengungen, um heute nach Dayton zu gelangen."

Die Vorstädte Riverdale, Westseite und Norddayton waren gänzlich unter Wasser und in der unteren Stadt waren St. Clair, Emmett und die Zweite Straße überflutet.

Zwei Mädchen waren die Hauptfaktoren, um der Welt die Nachrichten am ersten Tage der Ueberschwemmung zu geben.

Tobende Stürme 95

Beide waren Telephonmädchen, aber an verschiedenen Linien. Die Eine war in der Haupttelephonoffice beschäftigt und telephonirte die letzte Nachricht, die aus der heimgesuchten Stadt in die Außenwelt gelangte, am Mittwoch und gab auch Gouverneur Cox die Nachricht, die ihn in den Stand setzte die Notlage zu verstehen und Hand ans Rettungswerk zu legen.

Die andere war Telephonoperator in Phonetown, acht Meilen nördlich von Dayton, die als Aushelferin für das Mädchen in Dayton arbeitete. Beide blieben auf ihren Posten solange als die Drähte aushielten und die junge Frau, Mrs. Rena White Eakin, arbeitete Tag und Nacht hindurch.

Eine wohltätige Flut.

Kapitel IV.
Die Ausdehnung der Ueberschwemmung.

Erklärung von Gouverneur Cox. — Daytons Not hat ihresgleichen nicht. — Viele Frauen und Kinder in Gefahr. — Die ersten Maßnahmen zur Rettung.

Damit die Nation die Größe der schrecklichen Lage des überschwemmten Dayton verstehen und die dringende Notwendigkeit sofortigen Beistandes und Hülfe für die heimgesuchten Städte begreifen möchte, telegraphirte Gouverneur Cox Mittwoch Abend von Columbus den vollständigsten und authentischen, zusammenfassenden Bericht der Zustände, die bis dahin an ihn gelangt waren.

Er telegraphiert Folgendes:

„Die genaue Ausdehnung der schrecklichen Flut in Ohio ist noch unbekannt. Jede Stunde bedrückt uns mehr die Ungewißheit der Lage. Die Fluten haben in vielen Teilen des Staates solche unbekannte Höhen erreicht, daß es kaum weniger als ein Wunder ist, wenn nicht ganze Städtchen und Städte in den südlichen und südwestlichen Teilen des Staates vom Erdboden weggeschwemmt werden. Der Sturm bewegt sich südöstlich.

„Bitte geben Sie diesem Hülferuf die weiteste Verbreitung. Nach meinem Urteil hat es in der Geschichte der Republik noch niemals ein solches Trauerspiel gegeben.

„Columbus war der Mittelpunkt aller Bestrebungen zum Besten der heimgesuchten Städte. In jeder Stunde hat man, wie es scheint noch energischere Maßregeln zur Rettung und Hülfe ergreifen müssen.

Alle Anstrengungen wurden gemacht zu helfen.

Erbarmungswürdige Notschreie kamen von Männern, die umgeben waren von Wasser und denen der Feuertod in der Stadt Dayton ins Auge starrte. Jede menschliche Anstrengung wurde gemacht, um Hülfe zu bringen und doch war alles was geschehen war, vergleichsweise nur wenig. Ich glaube jedoch, daß morgen diejenigen, die vom Wasser im Geschäftsdistrikt von Dayton gefangen gehalten werden, befreit werden können.

„Der Tag begann mit einem Sturmsignal vom Wetterbureau, das ankündigte, daß Gefahr vorhanden wäre durch das Steigen der Wasser des Muskingumflusses. Alle an seinen Ufern gelegenen Städte wurden gewarnt. Vor Mittag hatte die Lage in Zanesville eine bedrohliche Lage angenommen und die historische „Y" Brücke wurde in die Luft gesprengt mit Dynamit.

„Der Verlust an Menschenleben in Zanesville ist nicht festzustellen, da alle telephonische Verbindung am Mittag aufhörte. Mariette kann nicht erreicht werden, aber man kann mit Sicherheit annehmen, daß in Marietta dieselben zerstörenden Einflüsse bestehen wie in Zanesville.

Eine Ueberflutung fand statt in den Maumee und Sandusky Tälern im nordwestlichen Ohio, aber der Schaden an Leben und Eigentum war nichts im Vergleich mit dem im Süden.

Dayton's Not hat ihresgleichen nicht.

In vieler Beziehung hat die Notlage in Dayton ihresgleichen nicht. Die Stadt ist außer Stande der Außenwelt irgend eine genaue Beschreibung ihrer Notlage und ihres Verlustes zu geben. Nord-Dayton berichtete einen Verlust von 100 Menschenleben. Später wurde dieselbe Lage von Riverdale berichtet. West-Dayton war beinahe gänzlich unter Wasser und die Häuser in Edgemont, einem Residenzdistrikt, standen so tief in der Flut, daß große Zerstörung an Menschenleben und Eigenthum eintrat. Auf dem Hochplateau von South Park und Ost-Dayton entstanden Untiefen und Löcher und Leute ertranken in scheinbar flachen Ebenen, wo es scheinbar unmöglich war, daß Jemand ertrinken sollte. Das Wasser an der Fünften und Brownstraße, welche 25 bis 30 Fuß über den Straßen des Geschäftsdistrikts liegen, erreichte eine Höhe von zehn Fuß.

„Zu dieser Zeit wälzt sich ein Fluß vier Meilen weit und tobend durch den Geschäftsdistrikt Daytons, von der Ueberflutung in den Wohndistrikten ganz zu schweigen.

„Der Miamifluß fließt durch Dayton gerade von Nord nach Süd und teilt Nord-Dayton von Riverdale. Er dreht sich dann scharf nach Westen und nach einem Laufe von ¾ Meile dreht er direkt im rechten Winkel nach Süden. Diese Biegungen des Flusses haben mit die Ueberschwemmung verschuldet und den Bruch der Dämme verursacht.

„Nicht bis zum heutigen Tage wurde es offenbar, daß 10,000 bis 12,000 Menschen eingepfercht waren im Geschäftsdistrikt in Gebäuden, Hotels und dem Y. M. C. A. Gebäude, und so kam es denn, daß die Flut zu schnell hereinbrach, als daß die Geschäftswelt die Hügel der Stadt erreichen konnte.

„Die Stadthalle steht unter Bewachung von einer Anzahl Polizisten, die sich im Innern befinden und ist so gelegen, daß die Beamten mehr oder weniger richtige Schätzungen machen können von der Anzahl der im Geschäftsviertel sich befindlichen Personen.

The "Call"

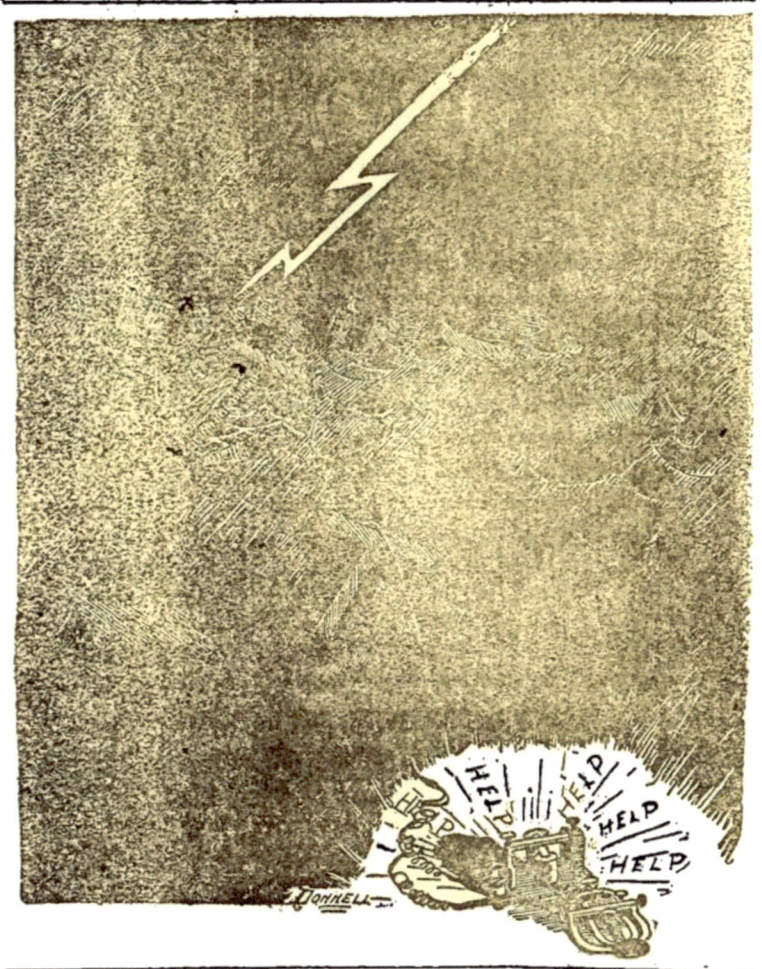

—St. Louis Globe-Democrat

Feuerswüten im Geschäftsviertel.

"Feuer brach aus im Viereck begrenzt von der St. Clair, Jefferson, zweite und dritte Straße, bald nach Mittag. Die Flammen wurden zuerst in einer Apotheke bemerkt. Das Feuer breitete sich nach Norden aus und zerstörte die St. Paul Evangel. Kirche. Die Flammen schlugen dann nach dem Süden um und zerstörten zwei große Wholesale Liquor Gebäude.

"Das Feuer brennt noch heute Abend. Wir wurden heute benachrichtigt durch Telephone, daß man Leute auf den Hausdächern im bedrohten Distrikt sehen konnte und sie von einem Dach aufs andere sprangen um außer Bereich der Flammen zu kommen. Das Wasser war um diese Zeit ungefähr fünf Fuß in jenem Stadttheile gefallen.

"Durch das Telephon kam die Erklärung an das Staatsgebäude, wenn keine Boote gesandt würden, so wäre der Verlust an Menschenleben entsetzlich. An diesem Abend noch wurde die Rettung auf diesem Straßenviereck glücklich vollendet.

Frauen und Kinder in Gefahr.

"Das Beckel Gebäude, unmittelbar gegenüber, stand am Mittag in Flammen, allein das Feuer wurde gelöscht. Howard, vom Home Telephongebäude, berichtete, daß das Dach voller Leute gewesen sei, die von ihrem sicheren Posten nicht gewichen seien. Südlich von dem heimgesuchten Straßenviereck ist ein anderer Wholesaledistrikt, und es zeigte sich, daß sich ungefähr 35 Frauen und Kinder in mehreren Gebäuden befanden.

"Um ungefähr 3 Uhr sprangen die Flammen über die dritte Straße und ergriffen das Straßenviereck, begrenzt von Dritter, Vierter, Jefferson und St. Clair Straße,

Lowe Bros. Paint Store, wurde zerstört und eine neue Todesgefahr drohte hunderten. Fünfzehn Männern in dem Home Telephongebäude gelang es jedoch, die Frauen und Kinder mit Hülfe eines Flaschenzuges in das Beaver Power Gebäude zu retten, ein feuerfestes Gebäude, wo sie die Nacht hindurch blieben.

„Dem Militär im südlichen Teil von Dayton wurde von Columbus der Befehl gegeben, ein wachsames Auge auf den Feuerdistrikt zu haben und wenn die Flammen in der Richtung des Home Telephongebäudes und des Beaver Power Gebäudes sich ausbreiteten, eine Passage durch den durch die Stadt fließenden reißenden Strom mit Hülfe von Booten zu riskiren.

Seesoldaten machen ihr Erscheinen und greifen ein.

„Morgen früh bei Tagesanbruch werden fünfzig Boote in den Geschäftsdistrikt von South Park kommen. Das Seemilitär mit 100 Booten verläßt Toledo, um nach Dayton zu gehen.

„Wir sind außer Stande zuverlässige Nachrichten von den Menschenverlusten in Hamilton zu bekommen. Dieser Platz sowohl wie Middletown sind so vollständig isolirt, daß wir das Schlimmste befürchten.

„In Columbus hat sich die Lage gebessert. Der Scioto fällt. Man fürchtet, daß wenn die Wasser aus dem westlichen Teil der Stadt verschwunden sind, daß ein beträchtlicher Verlust von Menschenleben zu verzeichnen sein wird. Beinahe im Gesichtskreis von dem Capitolgebäude hat man drei Männer, zwei Frauen und ein Kind an einem Baum über 24 Stunden lang hängen sehen und die Wasser unter ihnen machen durch ihren schnellen Lauf eine Rettung der Armen unmöglich."

James M. Cox,
Gouverneur von Ohio.

Eine Botschaft an den Gouverneur von einem durch Wasser abgeschlossenen Telephonoperator, dem einzigen Mittel bisher durch das man mit der Außenwelt in Verbindung treten konnte, besagte, daß das Feuer im Mittelpunkt der Stadt unter Controlle sei. Der Sturm jedoch, der sich am frühen Morgen erhoben hatte, dauerte noch immer an.

Herr Burba, der eine gefährliche Reise nach Dayton unternahm, meinte, der Verlust an Eigenthum beziffere sich auf 50 Millionen.

Am dritten Tage.

Drei Tage lang hatte der unermüdliche Gouverneur des Staates die Arbeit eines Dutzend von Männern getan und hatte sich von Tagesanbruch bis lange nach Mitternacht abgemüht, um den Unglücklichen Ohios zu helfen. Seine Hand leitete Alles, was im Rettungswerke geschah und am Donnerstag, im Bewußtsein, daß Alles geschehen war, was er zur Rettung Unglücklicher tun konnte, wandte er seine Aufmerksamkeit den neuen Aufgaben zu, wie man nun Epidemien verhüten, Menschenleben und Eigentum sicher stellen, den Leiden überlebender Opfer der Flut abhelfen und die Umgekommenen würdig begraben könnte.

Der Held des Daytonunglücks, John A. Bell, der Telephonbeamte, der durch das Wasser in einem Geschäftsgebäude gänzlich abgeschnitten, Gouv. Cox alle halbe Stunde benachrichtigte, wie es um die geschlagene Stadt stehe und die Befehle des Gouverneurs durch Bootsleute, die zu seinem Fenster ruderten zur Beförderung weitergab, rief den Gouverneur am Donnerstag Morgen mit einem heiteren: „Guten Morgen, Gouverneur" auf; die Sonne scheint wieder in Dayton.

Tobende Stürme

Jedoch der Sonnenschein wich wieder einem Schneesturm und die Berichte von Seiten Bells klangen wieder weniger freudig wie der Tag voranschritt, bis die ominöse Botschaft vom General-Adjutanten Wood in Empfang genommen wurde, was man jetzt am meisten in der einstigen Juwelstadt (Gem City) gebrauche, seien Särge und Nahrungsmittel.

Das Militär zur See, das zuerst das Ueberschwemmungsgebiet Daytons erreichte, waren die ersten National-Guardsmen. Sie waren in Booten, die sie meisterhaft handhabten bei der Rettung der in den Häusern des überfluteten Distrikts eingeschlossenen Menschen und sie verrichteten die ersten wirklichen Rettungsdienste.

Hülfsgelder kommen ein.

Den Appellen an die allgemeine Wohltätigkeit wurden aus allen Landesteilen großmütig und prompt Folge geleistet, der Westen, sowohl wie der Osten telegraphirten, daß Gelder auf dem Wege seien. Der Gouverneur brachte die Hilfsarbeiten in eine systematische Verfassung, indem er ein Hilfscomite einsetzte, dessen Vorsitzer er wurde.

Die Comitemitglieder waren John H. Patterson von Dayton, Homer H. Johnson von Cleveland, Jacob Schmidlapp von Cincinnati, S. D. Richardson von Toledo und Georg W. Lattimer von Columbus. Colonel W. M. Wilson von dem National Guard-Zahlmeisterdepartment wurde als Schatzmeister ernannt und hatte sein Hauptquartier in der Staatssekretärsoffice, wo eine der ersten Hilfsgaben im Betrage von $7,500 von der Clevelander Handelskammer einlief.

Ein Telegramm von Präsident Wilson kündigte an, daß der Kriegssekretär den Auftrag erhalten habe, nach den Flutdistrikten zu reisen und jeden möglichen Beistand den Leidenden zu verschaffen.

James T. Jackson von Cleveland, Repräsentant des Roten Kreuzes erließ nebst dem Gouverneur Proklamationen, die die Lage in den Ueberschwemmungsgebieten beschrieben und erklärten, daß mehr Gelder gesandt werden sollten, um prompte Hilfe zu leisten, und daß die Eisenbahnen nur wenig oder keine Transportgelegenheiten bieten könnten.

Eine Wasserlawine in den Straßen.

Kapitel V.

Als die Wasser fielen und sich verliefen.

Vierter Tag der Flut. — Die Wasser fallen und die Retter sind geschäftig. — Kriegsgesetze werden in Anwendung gebracht und ein Ueberblick der Lage wird gegeben.

Am Freitag, den 28. März, dem vierten Tag der Flut fielen die Wasser allmählich und die Rettungs- und Hülfsarbeiten wurden mit größerer Energie betrieben.

An zwanzig Motorboote waren außer den Lebensrettungsbooten im überfluteten Distrikt an der Rettungsarbeit und man hoffte vor Anbruch der Nacht noch Allen Rettung und Hülfe bringen zu können, die noch am Leben waren. Für Bergung der Todten geschah noch nichts, die erste Sorge galt den noch Lebenden.

Die Boote kehrten bald von den näheren Stadtteilen zurück und brachten jedes seine Ladung von fünfzehn bis zwanzig Ueberlebende. Die Meisten waren so schwach geworden von Entbehrungen und Leiden aller Art, daß sie sich kaum bewegen konnten. Um 8 Uhr waren mehrere hundert auf Tragbahren nach dem Cash Register Hospital gebracht worden; diese hatten auf der Südseite des Flusses gewohnt.

Die Lage hatte sich auch in Betreff der Nahrungsmittel gebessert. Motorwagen, die von der Cash Register Company ausgeschickt und von Leuten bemannt wurden, die militärische Aufträge hatten, Kartoffeln und allerlei Nahrungsmittel von den um die Stadt wohnenden Farmern zu holen und in Beschlag zu nehmen, brachten einen guten Vorrat von Nahrungsmitteln zurück und mehrere Hülfszüge trafen auch glücklich per Eisenbahn in der Stadt ein.

Die Rettungsarbeiten wurden jetzt auch mehr systematisch gehandhabt und alle Straßen, aus welchen die Flut zurückgewichen war, wurden vom Militär patrouillirt. Den Leuten wurde geraten sich, wenn irgend möglich, nach ihren Häusern zurückzubegeben.

„Habt ein scharfes Auge auf Diebe und Räuber", wurde in einem Amtsblatt mit weiter Verbreitung gewarnt. „Verlaßt Eure Häuser nicht ohne Bewachung. Es waren Diebe, die Euch in Schrecken gesetzt hatten mit dem Reservoir und der Naturgasexplosion. Das Naturgas ist abgedreht und es besteht keine Gefahr von Explosionen."

Sechzig katholische Schwestern in der Akademie in Notre Dame und achtzehn Personen, die dort eine Zuflucht gefunden hatten, waren, als sie von der Louisviller Lebensrettungsmannschaft gefunden wurden, seit Dienstag ohne Nahrung und Wasser gewesen.

Es gab mehrere Krankheitsfälle, bei denen Not und Leiden doppelt schlimm war. Die Lebensretter ließen einen Vorrat Brod und Wasser zurück und machten Pläne, weitere Hülfe zu bringen.

Die Louisviller Mannschaft versorgte auch mehrere hundert Familien in den Niederungen in der Nähe der Ludlow und Franklin Straßen mit dem Nötigsten. Hier war das Wasser bis an die Dächer aller zweistöckiger Häuser gestiegen. Nur einige, die nämlich in der verzweifeltsten Lage waren, wurden in die Boote genommen, und die andern mit Brod und Wasser versorgt.

Man hatte wenig Hoffnung gehabt, daß in diesem Distrikt sich überhaupt noch Menschen am Leben befänden und die Tatsache, daß nur wenige dort umgekommen waren, machte Hoffnung, daß die Verlustziffer eine viel niedrigere sei, als man zuerst erwartet hatte.

Militärgesetze werden streng durchgeführt.

Angesichts der außerordentlich großen Aufgabe für die immer mehr anwachsende Armee von Hülfsbedürftigen zu sorgen und die Todten zu bergen, begann Dayton seinen vierten Tag unter streng militärischer Controlle. Mit seinem Hauptquartier im Bamberger Park traf Colonel Zimmermann vom Fünften Regiment der Ohio Nationalgarden Anstalten zur systematischen Organisation zum Schutz und Ordnung in der Stadt, damit in den folgenden Wochen das Werk des Wiederaufbaues ungehindert vor sich gehen könne.

Militärcompagnien aus allen Teilen des Staates erreichten Dayton während der frühen Morgenstunden und um Mittag war jeder zugängliche Stadtteil unter strenger Bewachung. Mitglieder des Staatsgesundheitsamtes, die Wagenladungen von Chlorkalk und anderen Desinfektionsmitteln mitbrachten, kamen auch während des Tages an und begannen die Arbeit, die immer mehr drohenden Gefahren von Seuchen und Epidemien abzuwehren und gesundheitliche Verhältnisse zu schaffen.

Ueberblick über die Lage.

Am Freitag Abend wurde es möglich eine ruhigere Anschauung der allgemeinen Lage zu gewinnen und dies sind die Resultate:

1. Vorhergehende Schätzungen der Verlustziffer an Ertrunkenen waren sehr übertrieben.

2. Der Verlust durch Feuer überstieg nicht $1,500.000.

3. Die Eigentumsverluste für Kaufläden, Fabriken und Wohnhäuser schwanken zwischen 15 und zwanzig Millionen.

4. Das Wasser war vom Geschäftsdistrikt zurückgewichen, ebenso von einem großen Teil der Wohndistrikte.

5. Leute, die in noch unter Wasser stehenden Stadtteilen waren, wurden nach Häusern gebracht, die von der Flut nicht berührt waren.

6. Es fehlte nicht an Nahrungsmitteln.

7. Die Telephonsysteme wurden wieder in Stand gesetzt.

8. Die Leute litten sehr unter der Kälte. Alles erreichbare Brennmaterial war in Beschlag genommen worden und nun war gute Aussicht vorhanden, die Leute mit dem nötigen Brennmaterial zu versorgen.

9. Bis dahin war noch keine Epidemie von einer Krankheit ausgebrochen.

Der höchste Punkt der Flut.

Auf einer Tour durch die Geschäftsdistrikte fanden die Beamten, daß der höchste Stand der Flut an der Ecke von Dritter und Mainstraße war, welche sich im Mittelpunkt der Stadt befindet. Die heranrauschenden Wasser überfluteten den ersten Stock jedes Ladens im Geschäftsteile. Dies verursachte den größten finanziellen Verlust. Der erste Stock der Steele Hochschule war der Wasserfläche gleich und das Leonardgebäude war unterwaschen, so daß es zusammenstürzte. Viele Häuser in Riverdale, West Dayton, Nord Dayton und Edgemont wurden weggeschwemmt.

Obdach für siebentausend Personen.

Die im Folgenden genannten Gebäude widerstanden den Fluten und boten ungefähr 7000 Personen, die vom Dienstag bis Donnerstag in ihren unter Wasser gesetzten Wohnungen dem Tode ausgesetzt gewesen waren, Obdach: das Conovergebäude, Kuhns Gebäude, die Arkade, zwei Cappel Gebäude, das Calahan Bankhaus, das

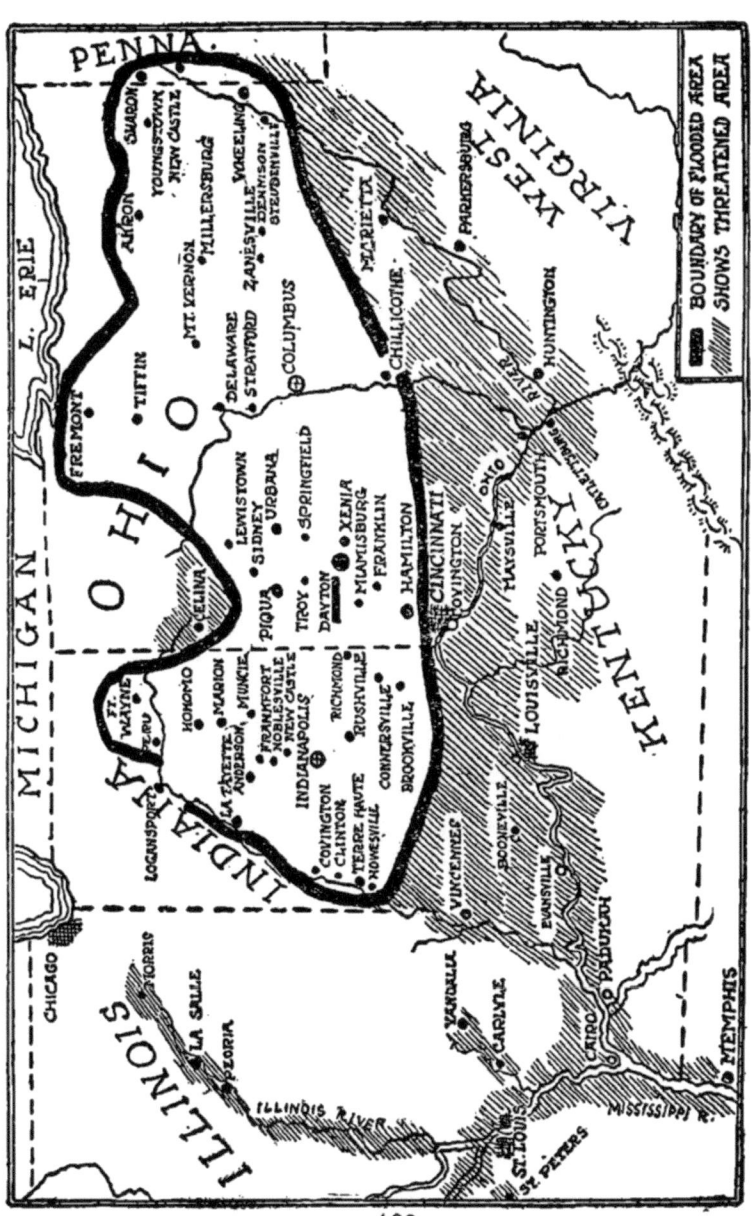

Schwindgebäude, Commercialgebäude, Mendenthals Gebäude, Rice Kuhnlers Gebäude, das Riebold Gebäude und United Brethren Publishing Gebäude.

Keins der öffentlichen Gebäude oder Kirchen wurden zerstört.

Der Verlust durch Feuer beschränkte sich nach Berichten auf die Zerstörung der Dayton Gaslight and Coke Company Anlagen, die Reihe von zwei- und dreistöckigen Gebäuden auf beiden Seiten von dritter Straße von Jefferson Str. an bis St. Clair Avenue, die Troy Pearl Waschanstalt und zwei Apartmenthausfeuer auf der Westseite.

Ein kühner frecher Raub wurde früh am Tage verhindert, als die Polizei einen Mann verhaftete, der von der Stadt mit dem in einer Handtasche befindlichen Raube von $50,000 in Diamanten und Juwelen, welche er von Juwelenhäusern der unteren Stadt gestohlen hatte, entfliehen wollte.

Dayton ist nicht vernichtet.

Präsident G. B. Smith von der Handelskammer sagte: „Wir wünschen nicht, daß die Welt denke, daß Dayton außer Stande sei, sich von den Unglücksschlägen zu erholen. Wir werden zeigen, daß wir die Fähigkeiten haben, uns aus der Lage in der wir uns befinden, kräftig herauszuarbeiten. Dayton ist nicht vernichtet worden."

Träume von einem neuen Dayton.

Benj. Hecht, Stabkorrespondent des Chicago Journal telegraphirte von der Szene der Dayton Flut von Miami City, einer Vorstadt Daytons, am 29. März wie folgt:

Wenn noch die Tausende, die noch in ihren Dachstuben eingeschlossen sind, befreit werden, so wird der Verlust vom Feuer und Wasser, die die Stadt heimgesucht hatten, nicht sehr groß sein.

Dreiviertel der Stadt sind hochgelegen und trocken. Die Straßen wimmeln von Menschen. Das Wetter ist schön und warm; der Himmel scheint zu lächeln und die Leute fassen wieder Mut. Die scheinbar unmögliche Aufgabe, die Stadt wieder aufzubauen, ein Heim zu finden für die bekümmerten Flüchtigen, wieder von vorn anzufangen, diese Gedanken beschäftigen jetzt den Sinn der Bevölkerung Daytons.

"Wir werden wieder bauen," sagen sie. Selbst die fliehen mußten, die nichts außer den Kleidern haben, mit denen sie hinwegeilten, träumen heute von einem neuen Dayton. Die Erzählungen von dem erlebten Schweren, den Rettungen und Todesfällen werden stetig weiter erzählt. Alle die noch am Leben sind, sind Helden.

Gerettetes Mädchen ist eine Heldin.

In der Van Cleveland Schule hat eine junge Frau, groß und stark gebaut, die Aufsicht und Sorge für die fremdsprachigen Flüchtlinge. Ihr Name ist Lisa Matiny. Sie wurde aus ihrem Hause in Main Str. gerettet. Ihre Mutter und zwei Schwestern sind unter den Todten. Als das Rettungsboot kam, um sie aus ihrem Zimmer zu befreien, setzte Lisa Matiny die Mutter und zwei Schwestern in das Boot und sie blieb im Zimmer und wartete.

Die Flut stieg höher und höher bis das Wasser ihr an die Hüften ging. Goodbye rief sie und Mutter und Schwestern fuhren ab. Man hat von ihnen nichts wieder gehört. Lisa hielt sich an einer Thüre fest, die durch Wasser losgerissen war. Man las sie am Ufer auf. Ihre Familie liegt in dem Leichenhaus der Cash Register Company.

Da war in der Van Clevelandschule eine andere Frau, die ihren Verstand verloren hatte. Sie ist alt und sagt nichts außer „Wo ist Billy?" Billy ist ihr Sohn. Diesen Morgen wurde ein halbbekleideter Junge in das Zimmer in dem sich die alte Frau aufhielt, getragen. Sie nahm ihn in ihre Arme und schrie „Billy!" Aber es war nicht ihr „Billy". Der Junge hatte seine Mutter verloren, die Sarah Calfin hieß. Er schlief in den Armen der alten Frau ein und beide schienen glücklich zu sein.

Zwei Kinder wurden in der Longfellowschule geboren, wo viele Flüchtige Unterkommen und Pflege gefunden hatten; die Mütter waren von der Zweiten Straße gerettet worden. Die Namen der Kinder sind Jenny Williams und Harriet Gordon. Eins der Kinder starb.

Telegraphisten bleiben auf ihren Posten.

Unter den Helden der Flut sind auch die Telegraphisten zu nennen. Sie sandten Tausende von Depeschen aus und hielten Tag und Nacht auf ihren Posten aus. Einige fielen vor Erschöpfung um.

Die Western Union Leute, die die ersten Fremden waren, die sich Eingang in die Stadt verschafften, hatten nicht seit Dienstag geschlafen. „Gerettet, gerettet," diese Worte wurden zuletzt mit gleichförmigen Stimmen immer wiederholt.

Militärgesetze wieder aufgehoben.

Das Militärgesetz das vor zwei Tagen erklärt worden war, wurde für diesen Nachmittag aufgehoben, um den Geflohenen zu erlauben, ihre Wohnungen zu besuchen. Kriechend und sich durch den Kot durcharbeitend kehren Zahllose nach ihren Häusern zurück. Ihr Heim, das heißt oft nur ein halbes Haus, zerrissen und über die Straße zerstreut. Aber es ist doch ein Heim und die Männer griffen nach den Spaten um den Kot hinwegzufegen, während Frauen versuchten ihre Mahlzeit zu kochen. Manchmal ist es noch nicht einmal ein halbes Haus, was sie vorfinden, oft starrt ihnen nur ein Erdloch in die Augen.

Howard Lowrey fand statt eines Hauses ein mit schmutzigem Wasser gefülltes Loch an der unteren Fluß- straße. Er stand knietief im Wasser und sah die Leute vorübergehen. Eine Frau, die ein Kind trug, schleppte sich mühsam heran. Es war seine Frau und sie bekümmerten sich nicht darüber, daß ihr Heim weggeschwemmt war. Die wiedervereinigte Familie lachte unter Thränen und nun gingen sie Arm in Arm weg, um sich ein Unterkommen in einem andern Hause zu suchen.

Da giebt es Tausende von solchen Szenen. Sie würden einen Band füllen, der Tränen und Lächeln bringen und eine Geschichte erzählen würde, wie sie die Welt noch nicht gehört hat.

Getrennt gewesene Familien werden heute in den Schulhospitälern, in den Zufluchtshäusern und in den Leichenhallen wieder vereinigt. Die Wohndistrikte, die nicht länger von Wasser bedeckt sind, werden wieder bezogen und die Häuser gefüllt.

Zerstörte oder beschädigte Gebäude überall.

Die Straßen Daytons sind wieder voll Menschen. Wo vor zwei Tagen Tausende schrieen und weinten vor Schrecken und Kummer, wandeln heute Gruppen von Männern und Frauen.

Die Flut ist aus der eigentlichen Stadt entwichen. An den Straßen des Geschäfts- und Wohndistrikts liegen die zerstörten Gebäude wie Haufen von Feuerholz umher.

Einige der aus Stahl errichteten Häuser sind aus der Form gebogen, andere sind übereinandergeworfen und zerstreut über die freien Plätze. Der Kot liegt zwei Fuß tief auf den Fußböden.

In der Zahlabteilung des ersten Nationalbankgebäudes fand man ein todtes Pferd. Ein anderes Stück Vieh fand man im zweiten Stock eines Departmentladens. Es giebt Tausende solcher sonderbaren Zufälle.

Freiwillige arbeiten Tag und Nacht.

Ein paar Straßengevierte entfernt von dem unteren Stadtteil arbeitet eine große Menge Freiwilliger Tag und Nacht. Freilunchanzeigen finden sich überall und Niemand ist es erlaubt, Geld für Nahrung und Kleidung zu erbetteln. Hunderte von Automobilen stehen zum freien Gebrauch bereit. Sie werden benutzt, um die Leidenden nach Zufluchtsstätten zu bringen.

So endete die Woche der großen Flut, mit systematisch betriebener Hülfsleistung und man hatte bereits angefangen den erlittenen großen Schaden auszubessern. Von diesem Tage an waren die Bemühungen aller Leute in Ohio und Indiana darauf gerichtet, Alles wieder so herzurichten und zu gestalten, wie es zuvor war und mit der Hülfe und dem guten Willen des Volkes der Ver. St. alle Lebensbedingungen und Verhältnisse in Ordnung zu bringen.

Kapitel VI.

Ein kurzer Tagesbericht von der Flut.

Eine Erzählung von den Flutzuständen im Allgemeinen, wie sie von Tag zu Tag sich ereigneten.

Montag, den 24. März.

Es wird berichtet, daß das Wasser im ganzen Ohiotale steige. Teilweise zeigen sich Fluten und in vielen Flußstädten fürchtet man großen Schaden. Schwere und anhaltende Regen fallen.

Dienstag, den 25. März.

Dämme weichen an vielen Punkten. Fluten überschwemmen Ohio und Indiana, isolieren ganze Städte und richten ungeheuren Schaden, große Lebensverluste an und verwüsten große Strecken Landes in allen Teilen der beiden Staaten. Fluten werden auch berichtet von Pennsylvanien, dem nördlichen Teil von New York, Missouri, Illinois und Kentucky. Dayton, Ohio, berichtet große Lebensverluste. Gouverneur Cox von Ohio erklärt dies als die größte Heimsuchung in der Geschichte des Staates. Viele Tausende obdachlos in Indiana und Ohio. Truppen werden in mehreren Städten von beiden Staaten mobil gemacht.

Städte in Miamiflußtal, Ohio wie Dayton, Piqua, Troy, Sidney, Carrollton, Miamisburg, Hamilton und ein Dutzend kleinerer Städte, alle überschwemmt.

Madrivertal, Westliberty und Springfield überflutet. Der Sciotofluß fließt über und setzt einen Teil von Columbus und viele kleinere Städte unter Wasser.

Olentangyfluß überflutet Delaware, Ohio; Lima überflutet vom Ottawafluß und Zanesville vom Muskingum.

Indianapolis überschwemmt durch den White River; Peru, Ind., überschwemmt und isoliert, berichtet ungeheuren Schaden. Fort Wayne, Logansport, Richmond und Shelbyville überschwemmt. Marion, Ellwood, Broad Ripple, Lafayette, Rushville, Muncie und Noblesville berichteten, daß sie teilweise unter Wasser gesetzt seien. Terre Haute Wohnhäuserfektion überschwemmt vom Wabash, und Kokomo, Ind., durch den Wild Catbach.

Mittwoch, den 26. März.

Die Berichte von dem überfluteten Gebiet in Indiana werden immer grauenhafter. Gouverneur erläßt einen Aufruf um Hilfe von Außen. Indianapolis und Peru leiden am meisten von allen Indianastädten. Präsident Wilson appelliert an das Volk, den Ueberschwemmten in Ohio und Indiana mit Hilfsgaben beizuspringen. Tausende von Wasser umringt in großen Gebäuden überschwemmter Städte. Columbus, Cincinnati, Sidney, Tiffin, Delaware und andere Städte in Ohio berichten von vielen Todten und ungeheurem Schaden. Flut kann in beiden Staaten nicht höher steigen. Das Volk der Ver. Staaten antwortet mit großherzigen Hilfsgaben und Hilfszüge werden abgesandt nach Dayton und anderen überfluteten Städten.

Donnerstag, den 27. März.

Spätere Berichte von Dayton, Ohio, geben die Zahl der Todten auf weniger als 200 an. Frühere Berichte waren durch Aufregung und Furcht der Heimgesuchten sehr übertrieben, aber der Gesammtschaden ist in allen überfluteten Städten enorm und die Leiden der Obdachlosen fordern bringend sofortige Hilfe. Die V. St. Re-

Tobende Stürme

gierung schickt ärztliche Beamte und Sanitätsmittel nach Dayton. Freiwillige Gaben an Geld, Nahrungsmitteln und Kleidern strömen herbei in die heimgesuchten Städte. Viele werden mit Booten gerettet, als die Wasser zurückwichen. Die erste Sorge wird den noch Lebenden gewidmet. Viele Rettungen aus Todesgefahren waren besonders merkwürdig. Das Kriegsgesetz wird in mehreren Städten proklamiert. Präsident Wilson bereit das überflutete Gebiet zu besuchen.

Freitag, den 28. März.

Schätzungen über die Zahl der Umgekommenen in Dayton und anderen Städten werden in dem Maße geringer, als die Fluten zurückwichen. Die Zahl der Obdachlosen in Dayton wird mit 70,000 und der Eigentumsschaden mit fünfzig Millionen angegeben. Hunderte von Todtgeglaubten sind noch am Leben, je mehr die zurückweichenden Wasser die Retter die Ueberschwemmungsgebiete übersehen lassen. Ausbruch von Krankheiten und Epidemien wird in vielen Städten befürchtet. Der Fluß steht in Cincinnati 64 Fuß hoch, und ist dem höchsten in der Geschichte verzeichneten Stande nahe und die Stadt sieht der schlimmsten Ueberflutung in ihrer Geschichte entgegen. Peru, Ind., und West Indianapolis stehen unter Quarantäne. Shawneetown und Cairo, Ill., sind bedroht mit Ueberschwemmungen. Vierundzwanzig Leichen wurden in Peru, Ind., aus der Flut gezogen. Das Kriegsgesetz wird in Dayton von Staatstruppen gehandhabt und Neugierigen ist es verboten, die Stadt zu betreten. Daytons Beamte bitten um Zusendung von Krankenwärtern, Medizinen, Kleidern und Heizmaterial. Die Verbindung mit überfluteten Städten ist wieder hergestellt.

Samstag, den 29. März.

Die Leichen von 121 Personen wurden bis jetzt gefunden. Die Arbeiten der Wiederaufrichtung zerstörter Heimstätten beginnen. Kriegssekretär Garrison befindet sich in Dayton und berichtet an Präsident Wilson über die hiesige Lage und verläßt Dayton, um die Zustände in Cincinnati und Columbus in Augenschein zu nehmen und die Regierungshilfsarbeiten dort zu beaufsichtigen. Wassermangel verursacht Leiden und Krankheit in Dayton. Tausende von Heimstädten stehen in Cincinnati unter Wasser und 15,000 Personen sind heimatslos; der Flußstand mißt 67 Fuß. Heimatlose in allen heimgesuchten Städten werden von Hilfskomiteen versorgt. Der Gesundheitsbeamte der Regierung bleibt in Dayton zurück, um Pestilenz vorzubeugen. Die Wasser fallen fortwährend in Dayton, steigen aber von Cincinnati bis Cairo. Illinois Truppen werden nach Shawneetown beordert. Dayton organisiert eine Truppe zur Reinigung der Stadt.

Sonntag, den 30. März.

Dayton berichtet, daß Hilfe nötig ist für 40,000 Heimatslose; 15,000 Häuser in der Stadt müssen wieder aufgebaut werden. Wasserwerke sind im Gange, aber der Druck ist schwach, verursacht durch offene Röhren in zerstörten Häusern. Columbus und andere Städte sind bedroht durch die Frage eines genügenden Vorrats an Nahrungsmitteln. Cairo, Ill., ist mit Ueberschwemmung bedroht. Der Wasserstand des Flusses beträgt 51.5 Fuß. Das Chicagoer Regiment der Illinoiser Nationalgarde wird nach Cairo beordert, um neue Fluten zu bekämpfen. Viele Kirchen in den Ver. Staaten veranstalten besondere Sammlungen zum Besten der Ueberschwemmten. Leute aus Columbus, Dayton, Zanesville und anderen heimgesuchten Städten sind mit Reinigungsarbeiten beschäftigt. Die Todtenliste in Columbus berichtet 64; die von Dayton 150; Hamilton 50; Miamisburg 50; Tiffin 18; Chillicothe 18; Middletown 14; Fremont 14; Piqua 13; Harrison 12; Zanesville 10; Peru, Ind. 24; Brookville 16; Fort Wayne 6; Terre Haute 4.

Montag, den 31. März.

Hilfsleistungen werden systematisch in Dayton betrieben. Das Kriegsgesetz wird auch während der Aufräumungs- und Reinigungsarbeiten gehandhabt. Das Bürger-Hilfskomite mit John H. Patterson, dem Präsidenten der Cash Register Company an der Spitze, leitet die Hilfsarbeiten. Während der Arbeiten der Wiederaufrichtung und Wiederherstellung Daytons soll eine außerordentliche Regierungsform die Zügel der Regierung in der Stadt handhaben. Andere heimgesuchte Städte in Ohio und Indiana erholen sich von ihrem Unglück und reparieren ihren Schaden. Die Gefahr einer Ueberschwemmung Cairo's und anderer Städte in Illinois wird größer, aber die Dämme halten aus.

Kapitel VII.

Erzählungen von Augenzeugen.

Aufregende Erfahrungen von Leuten, die durch die überfluteten Gegenden von Ohio und Indiana reisten.

Unmittelbare, selbsterlebte und glaubwürdige Berichte von den vom Tod umlauerten überschwemmten Gegenden von Ohio und Indiana brachten Reisende, die per Eisenbahn auf Zügen nur langsam auf den durch das Wasser schwach gewordenen Geleisen fahren konnten und am Mittwoch, den 26. März in Chicago mit großer Verspätung ankamen. Von den Wagenfenstern sahen die Passagiere, wie die Wasser sich über das Land ausbreiteten, sie sahen Haufen von verzweifelten Menschen fliehen und Hunderte von zerstörten Häusern. Ein Schauder packte sie als ihr Zug über schwache schwankende Brücken fuhr und waren auch im Stande manchen Leidenden zu helfen.

Erreichen das Ueberschwemmungsgebiet.

Die ersten Augenzeugen aus den überschwemmten Gegenden erreichten Chicago um 7.45 früh mit der Baltimore & Ohio-Eisenbahn, elf Stunden zu spät. Sie hatten Leute aus ihren Häusern fliehen sehen, in Booten und anderen Fahrzeugen mit der Flut hinwegtreiben und zerstörte Häuser, Ställe, Scheunen und Brücken.

„Wir erreichten den überfluteten Distrikt gestern Abend, erzählte W. H. Chown von South Wales, der auf der Reise nach San Francisco war. Wir passierten Youngstown, welches voller Wasser war und kamen plötzlich vor eine trügerische Brücke, die einen Fluß überspannte, welcher über das ganze umgebende Land seine Hochwasser meilenweit ergossen hatte. Dort mußten wir fünf Stunden lang liegen bleiben. Die Unterbauten der Brücke schienen sehr schwach zu sein und wir hielten eine Debatte, ob wir es wagen durften darüber zu fahren. Als wir dies taten, fuhren wir langsam und wir konnten fühlen wie die Brücke unter uns schwankte und ächzte.

„Viele Meilen weit sahen wir an vielen Plätzen nichts als Wasser. Farmhäuser standen teilweise unter Wasser und in vielen Plätzen sahen wir wie Leute aus den Fenstern in Boote krochen und Bündel mit Kleidern u. a. mit sich trugen. Jeder Fluß schien mit der höchsten Schnelligkeit zu fließen und die meisten hatten ihr Flußbett vollständig verlassen."

Was Pennsylvania Passagiere sahen.

Erlebte Erfahrungen von dem was sie gesehen hatten, wurden berichtet von Passagieren der Pennsylvania Eisenbahn, als sie von einem Combinationszug stiegen, der aus drei der schnellsten Züge zusammengesetzt war. Er hatte Wagen aus dem zwanzig Stunden New York—Chicago Spezialzug, dem östlichen Schnellzug und dem schnellen Postzug und kam in Chicago um 10.45 am Mittwoch Morgen an, viele Stunden nach der richtigen Zeit.

Perry Hollister und Roy Taylor aus Ravenna, Ohio, hatten mehr von den Ueberflutungen als die meisten anderen Passagiere auf dem Zug gesehen.

„Als wir in Ravenna, O., auf den Zug stiegen, regnete es in Strömen, sagte Herr Hollister. Es hatte schon viele Stunden lang so geregnet, aber diese Stadt hatte nicht so viel unter Wasser zu leiden. Wir erreichten Toledo ohne viele Schwierigkeiten.

„Als wir uns Toledo näherten, fingen wir an zu sehen, welche Ausdehnung die Fluten angenommen hatten. Um die Stadt her war nur Wasser zu sehen. Scheunen und Ställe waren von ihrem Fundament gerissen und trieben im Wasser umher. Es war schwer die Wassertiefe anzugeben, weil Alles unter Wasser stand.

Bewegen rohe Fahrzeuge mit Stangen.

„Viele Männer hatten rohe Fahrzeuge gebaut und bewegten dieselben mit Hilfe von Stangen durch die unter Wasser gesetzten vermutlichen Straßen. Einige der Insassen appellierten an den Zugführer unseres Zuges, sie doch mitzunehmen und er willigte ein. Diese Leute wurden nach Toledo gebracht. Alles was man von ihnen hörte, war Weinen und Klagen um ihre Verluste.

„Toledo wurde hart mitgenommen. Der untere Teil der Stadt stand unter Wasser."

Hunderte von Heimstätten zerstört.

„Unsere Fahrt auf dem Zuge war eine lange Periode voll Bangigkeit und Angst," sagte Frau Henriette Lama von Pittburg. „Wir fürchteten jeden Augenblick, daß unserem Zug etwas zustoßen würde.

„Die Frauen auf dem Zuge waren jedoch sehr ruhig und gefaßt. Die Männer schienen alle aufgeregter zu sein als wir.

„Hunderte von Heimstätten sahen wir unterwegs als Trümmerhaufen. Todtes Vieh aller Art konnte man in den von Wasser gefüllten Gräben treiben sehen.

„Das Geleise war mit Wasser bedeckt. Der Maschinist konnte die Schienen nicht sehen. Manchmal mußte er anhalten und den Zustand der Geleise auf mehrere Ruten Länge voraus untersuchen.

„Es schien uns, als ob er zu große Gefahr liefe durch sein rasches Fahren über Geleise, die er nicht sehen konnte, und dieß machte uns etwas nervös.

„Viel Schaden war in Lima, Ohio, angerichtet worden. Dort sahen wir Hunderte von obdachlos gewordenen Familien und Viele, die verletzt worden waren."

Sieht Familien auf der Flucht.

J. F. Holmes von Fargo, N. D., ein anderer Passagier, erzählte:

„Die Szenen am Bahngeleise der überfluteten Städte und Städtchen entlang waren die erbarmungswürdigsten, die ich je gesehen habe. Pferde ertranken vor meinen Augen sowie Kühe, Schweine und Tausende und Abertausende von Hühnern.

„Hunderte von Personen gingen auf dem Bahndamm knietief im Wasser, beladen mit dem Kostbarsten aus ihrem Haushalt. Die Frauen weinten.

„Viele Familien waren in kleinen Booten, die so schwer beladen waren, daß sie jeden Augenblick in Gefahr standen umzuschlagen.

„Unser Zug, auf dem ich mich befand, war so glücklich, ohne Unfall durchzukommen. Ich hörte später, daß große Strecken des Geleises ein paar Minuten, nachdem wir darüber gefahren waren, hinweggeschwemmt worden seien."

Heimstätten schwimmen in den Straßen weg.

„In Fort Wayne war das Wasser bis zu dem zweiten Stock von Häusern gestiegen, als wir hindurchfuhren," sagte Georg B. Dodge von Boston. Mehrere Häuser waren zertrümmert und trieben in den Straßenfluten umher.

„Temporäre Platformen waren errichtet worden, um

Passagieren zu ermöglichen auf- und abzusteigen. Es waren jedoch nicht Viele, die abstiegen."

Ein weiter Umweg.

W. R. Sullivan, ein Geschäftsmann von Dayton, war auf dem Wege nach Denver und hörte von der Flut, als er in Grand Island, Nebr., ankam. Er kehrte nach Lincoln, Nebr., zurück, wo die Schwierigkeiten seiner Rückreise begannen. Er eilte nach Kansas City, wo er wieder aufgehalten wurde; zurück nach St. Joseph, Mo., aber auch hier wollte ihm keine Eisenbahn sichere Transportation nach Dayton versprechen. Endlich ging er nach St. Louis, nahm einen Zug nach Guthrie, Ky., fuhr von da zurück durch Louisville nach Cincinnati, und erreichte sein Heim in Dayton von Cincinnati aus per Automobil. Er fand zu Hause, daß das Hilfskomite seinen eigenen Kraftwagen in Beschlag genommen und seine Frau das Meiste von ihren Betten, Kleidern und Lebensmitteln weggeschenkt hatte; aber sie selbst und ihre Kinder waren gesund und wohlbehalten.

Glücklich, daß Alles gut abgelaufen war, bot Herr Sullivan der Stadt seine Dienste an. — Seine Erzählung ist ein Beispiel von Hunderten.

Schwimmt, um seine Familie zu suchen.

Ein Apotheker von Anderson, Ind., dessen Familie in Dayton zu Besuch war, kam dort völlig erschöpft an. Da er überzeugt war, daß er sein Ziel nicht per Eisenbahn erreichen könnte, machte er sich daran, sich seinen Weg durch die Fluten zu erkämpfen. Wo er konnte, mietete er Fuhrwerke, aber er verfolgte einen geraden Weg, indem er durch eisige Wasser zu Fuß watete oder durch Sümpfe schwamm und über gebrochene und gefährliche Brücken auf seinen Vieren kroch. Seine Füße, Knie und Hände waren geschwollen, als er Richmond, Ind., erreichte.

Dort bot er $150 und zwei Paar Gummireifen für eine Maschine, damit ihn Jemand die 43 Meilen nach Dayton bringe, aber Niemand wollte das Risiko übernehmen. Später packte ihn Sharon Jones, der in Anderson das Hilfswerk für Dayton übernommen, in sein Hilfsautomobil und brachte ihn nach Dayton.

Jones erfuhr seine Geschichte, aber nicht seinen Namen. Es ist nicht bekannt geworden, ob er seine Familie gefunden hat.

Professor lebt zwei Tage auf einem Dach.

Nachdem er zwei Tage auf dem Dache des Unionbahnhofes in Dayton, Ohio zugebracht, den ersten Tag mit ein wenig Milchschokolade und später mit Nahrungsmitteln sein Leben gefristet hatte, die an seinem Zufluchtsorte vorbeischwammen, erreichte endlich Professor H. W. Mumford von dem Ackerbaucollege der Universität in Champaign, nach seiner Rettung seine Heimat wieder am 29. März.

„Es war ein Erlebnis, das ich nie vergessen werde," sagte Professor Mumford.

„Ich verließ mein Heim letzten Sonntag, um nach Springfield, Ohio, zu reisen und wollte Dienstag Morgen zurückkehren. Als ich nach Dayton kam, stieg ich um, nahm den ersten Zug und ging zu Bett. Als ich am Morgen erwachte, war ich noch immer in Dayton, mein Zug hatte die Station nicht verlassen können. Die Flut war plötzlich gekommen und es war keine Gelegenheit zu entkommen."

Riskiert sein Leben, um Lebensmittel zu holen.

Samuel F. Dutton von Denver, Präsident der Albany Hotel Co., kam nach Chicago direkt von Youngstown, O., nachdem er jene Stadt auf der B. & O.-Bahn, ehe die

Flut hindurchströmte, erreicht hatte. Er und ein Brakeman entgingen mit knapper Not dem Tode, als sie versuchten, für ungefähr zwanzig Frauen und Kinder Lebensmittel zu suchen, nachdem ihr Zug über Nacht siebzehn Meilen nördlich von Youngstown zum Stillstand gekommen war. Die zwei kamen auch richtig bei einem Farmhause an, nachdem sie eine halbe Meile unter strömendem Regen durch Wasser gewatet waren. Das Wasser stieg so schnell, daß es ihnen bis an die Hüften ging. Der Brakeman, mit Namen Martin, verlor seinen Halt und wurde von seinen Füßen geschwemmt. Ein Drahtzaun rettete ihn.

Studentinnen beschreiben Flutszenen.

Vier müde junge Frauen, Studentinnen von dem Ohio Wesleyan College in Delaware, Ohio, stiegen von einem Pullman eines verspäteten Lake Shore Zuges am Freitag Nachmittags des 28. März ab. Sie waren die ersten Ankömmlinge von den wirklichen Szenen des Todes und der Zerstörung, die aus dem mittleren Ohiostaate in Chicago eingetroffen waren.

Von eifrigen Zeitungsberichterstattern befragt, erzählten die jungen Damen frei von ihren Erlebnissen und gaben verständliche Schilderungen von den Schrecken der Ueberflutung eines großen Teils des Städtchens Delaware.

Es waren: Frl. Florenz Wyman, 3633 Sheffield Ave., Studentin von allgemeiner Arbeit und Lehrerin in der Kunstschule des College; Edith und Esther Quayle und Mabel Lees, alle aus Oak Park, Jll.

„Der Gedanke, der mich am meisten beschäftigt, ist nicht so sehr der Schrecken, der vorüber ist, sondern der viel größere Schrecken, der unausbleiblich über die armen Leute in Delaware und anderen überfluteten Distrikten kommen muß. Da sind noch mehrere Todte in Häusern in Delaware und sonstwo in Ohio und die Zustände sich auszumalen, die durch Not, Hunger und Seuchen eintreten müssen, ist haarsträubend."

Ein schrecklicher Traum.

„Die Flut selbst erscheint mir wie ein schrecklicher Traum. Das Wasser stieg langsam, aber oh so beständig und unwiderstehlich. Zuerst war es sechs Zoll tief in einigen niedrigen Plätzen; dann fußtief und zuletzt hatte es den ganzen unteren Stadtteil bedeckt und spülte an den Fuß der Hügel, während die Häuser in den überfluteten Distrikten im Wasser standen, so daß man nur den oberen Stock und die Dächer sehen konnte.

„Und auf beinahe jedem Hause war eine Familie oder was davon übrig war und hielt sich am Schornstein oder der Dachspitze fest und betete um Rettung.

„Das College steht auf dem höchsten Hügel in der Stadt und wir wurden von der eigentlichen Flut nicht berührt. Aber die ganze erste Nacht gingen die 300 Mädchen in Monnets Hall, unserem Schlafsaal, auf und ab und weinten und beteten, als die Schreie der Unglücklichen, die nur wenige Blocks von ihnen entfernt in großer Not waren, zu ihren Ohren drangen. Verschlossene Fenster halfen nichts dagegen. Manchmal schrie eine Frau laut auf und ihr Schreien übertönte das allgemeine Klagegeschrei und sagte uns, daß Jemand gesehen hatte, wie ein geliebtes Familienglied, ein alter Vater oder Mutter oder ein Kind seinen Halt durch steifgewordene Finger verlor und in die schwarzen kalten Wasser abglitt.

Rettungsarbeit macht Helden.

„Während der Nacht taten die männlichen Studenten und Lehrer was sie konnten, allein wir hatten keine Boote und es war beinahe unmöglich, ein Floß durch die schwarze Nacht zu leiten, da noch dazu ein kalter Regen fiel.

„Sobald es Tag wurde organisierten die jungen Männer sich zu einem Rettungskorps. Unsere Schule stellte hundert Helden in einer halben Stunde. Jeder dieser Studenten setzte auf den selbstgemachten, zerbrechlichen Floßen sein Leben aufs Spiel, aber sie zauderten nicht. Sie fanden auch ein paar kleine Boote und taten mit diesen was sie vermochten. Professor Dixon, der Turnlehrer, stellte sich an die Spitze.

„Einige Häuser konnte man gar nicht erreichen. Die Floße waren unlenkbar und die paar Boote wurden bald durch die wirbelnden Wasser zerschellt."

Gerettet aus Hungersnot.

Dies ist was ein Berichterstatter in Sidney, Ohio, der am Donnerstag, Nachmittag von Piqua zurückkehrte, erzählt:

„Die vier Carladungen Lebensmittel, die von Lima nach Piqua gesandt wurden, retteten die Ueberlebenden aus Hungersnot. Vorräte von Nahrungsmitteln waren gänzlich aufgebraucht, als der Hilfszug ankam.

„Um 4 Uhr am Donnerstag hatte man 4 Leichen gefunden. Die Leichen der anderen Ertrunkenen sind in den Niederungen. Die genaue Zahl der in der Flut Umgekommenen wird man nie erfahren.

„Pooltische in den Spielhallen in Piqua wurden als Betten benützt. Männer, Frauen und Kinder schliefen Mittwoch Nacht auf den Fußböden von Kirchen, Schulen und Logenhallen.

„Leute, deren Wohnungen nicht überschwemmt wurden, boten ihre Häuser den Obdachlosen zum Aufenthalt an. Das Plaza Hotel, in welchem, als die Flut am höchsten war, mehrere Fuß Wasser standen, bot Hunderten ein Unterkommen."

Was ein öffentlicher Redner sah.

Erschütternde Ereignisse wurden berichtet vom Flutdistrikt in Ohio von Rev. E. R. O'Neal, der von einer Reise nach Chicago zurückkehrte am 28. März. Er sagte, er habe gesehen, wie in Delaware achtundzwanzig Ertrunkene aus dem Flusse gezogen wurden.

Frauen und Kinder werden fortgeschwemmt.

„Ich sah ein Haus, auf dessen Dach eine Frau mit drei Kindern sich festklammerten, den Fluß hinabtreiben. Das Haus wirbelte im Wasser und wurde von den Wellen auf und ab gestoßen. Die Frau schrie laut um Hilfe. Personen die an dem Rande der Flut standen, hatten ein kleines Boot, konnten aber nicht schnell genug rudern, um das Haus zu erreichen.

„Das Haus trieb gegen die Pennsylvania Eisenbahnbrücke und stieß an dieselbe. Die Mutter konnte die Brücke erfassen und sich daran festhalten. Die Kinder gingen unter, kamen aber wieder empor in der Nähe eines Baumes. Das älteste Kind half den beiden andern und alle hielten sich am Baume fest. Das Boot fuhr jetzt ab und rettete sie alle.

„Ein paar Minuten später trieb ein Haus mit einem 75 Jahre alten Mann und seiner Frau den Strom hinab. Die Frau lag auf dem Dache und der Mann hielt sie fest. Plötzlich stieß das Haus an einen Baum und der Schornstein fiel. Darauf sahen wir wie der alte Mann seine Frau nach dem Kaminloch trug und sie darin hinabließ. Als die Retter in einem Boote an das Haus gelangten, fragte einer derselben nach der Frau.

„Sie ist todt, sagte er. Vor zwei Stunden starb sie;

ich war zu sehr in Angst, sie auf dem Dache zu lassen, weil das Wasser sie fortschwemmen konnte.

„Ich sah ein anderes Haus mit einem Mann und einer Frau sich am Kamin festhalten. Das Haus stieß an einen Baum und der Kamin stürzte ein. Beide gingen unter, ehe wir sie erreichen konnten und wir sahen sie niemals wieder. Dieß sind nur einige der vielen schrecklichen Szenen, die sich bei der Ueberschwemmung zutrugen.

Ein nichtswürdiger Mensch.

„Ich ging von Delaware nach Prospekt und dieselben Tragödien spielten sich dort ab. Ich sah in Delaware den nichtswürdigsten Mann, den ich je gesehen. Dieser Nichtswürdige besaß ein Boot in Prospekt. Er wohnte auf der der Stadt entgegengesetzten Seite des Flusses. Er lieh sein Boot einem Baptistenprediger, der es zu Rettungsarbeiten gebrauchte. Sie retteten damit mehr als ein Dutzend Frauen und Kinder an jenem Tage noch. Es war das einzige Boot in der Stadt.

„Obgleich der Prediger nicht mehr als zwei Personen zur selben Zeit befreien und in seinem Boote aufnehmen konnte, so tat er doch edelmütige Arbeit. Spät am Nachmittag kam der Farmer an das Ufer und kündigte an, er wolle das Boot haben. Er sagte, er würde dasselbe mit Gewalt nehmen. Er erklärte, er brauche das Boot, um über den Fluß zu fahren und ein Geschäft zu besorgen.

„Der Pastor weigerte sich das Boot aufzugeben, erbot sich aber, den Farmer über den gefährlichen Fluß zu rudern, wenn er das Boot noch länger für seine Rettungsarbeiten behalten könnte. Der Farmer gab murrend nach und ein Zeitungsmann aus Marion und der Pastor ruderten ihn hinüber. Es war der erste Versuch, mit einem Boot über den reißenden Fluß zu fahren und war äußerst gefährlich.

„Der Pastor erklärte, er würde irgend ein Wagnis unternehmen, wenn er das Boot nur noch behalten könnte. Sie fuhren glücklich über den Fluß und landeten den Farmer nach vielen Schwierigkeiten. Sie kehrten zurück und als sie in der Mitte des Stromes waren, schlug das Boot um und beide Männer ertranken. Mit dem Boote hätten Hunderte von Personen gerettet werden können.

Brodmangel in Delaware.

„Die Ueberschwemmten haben Brod nötiger als irgend etwas Anderes. Es besteht ein überall bitter fühlbarer Mangel an Brod in Delaware. Um zu zeigen, daß sie willig waren den Hungernden zu helfen, erboten sich mehr als 100 Studenten im Wesleyanischen College die Stadt zu verlassen, so daß 100 Personen weniger zu speisen wären. Die Studenten reisten noch am Abend in ihre Heimaten in den verschiedenen Teilen des Landes zurück.

„In Celina sah ich ebenso große Leiden. Die Stadt stand zehn Fuß unter Wasser. Ich sah wie man zehn Ertrunkene in Massilon, Ohio, aus dem Wasser zog. Prospekt, Ohio, steht vierzehn Fuß unter Wasser und der Fluß dehnt sich an jenem Punkt vier Meilen weit aus. Ich sah dort mehr als ein Dutzend Leichen aus dem Wasser ziehen.

„Die Verlustberichte aus allen kleinen Städten und den Landdistrikten sind noch nicht eingesandt und zusammengestellt und man wird sich wundern, wenn die volle Anzahl aller durch die Ueberschwemmungen Umgekommenen bekannt wird. Von dem was ich sah, kann es durchaus nicht befremden, daß die Berichte übertrieben wurden.

„Piqua und Fostoria sind unter Wasser und viele Leute sind ertrunken. Der Dayton am nächsten gelegene Pfad, den ich erreichen konnte, war Piqua. Der größte Teil der Stadt stand unter Wasser. Es war unmöglich, nach Dayton zu kommen."

Stirbt nachdem er gerettet ist.

In Delaware, Ohio, hielt sich Wm. Fielding drei Tage und Nächte lang an einem Baum fest und wurde endlich gerettet, um nach der Rettung an Erschöpfung zu sterben. Ein Hr. Rainer war vom Wasser umschlossen dreieinhalb Tage lang und wurde gerettet. Er wurde von seiner schrecklichen Lage krank. Ein kleines Mädchen wurde in Delaware von einem Floß gerettet, auf welchem sie fünf Meilen von Stratford her getrieben war.

Krankenpflegerin hat dreifaches Mißgeschick.

Eine der traurigsten Passagiere, die in Chicago vom überfluteten Distrikt ankamen, war Frl. Wilkins, eine Krankenpflegerin. Sie war in Thränen, als sie vom Dixie Schnellzug an der La Salle Str. Station abstieg.

"Ich fuhr nach Jacksonville, Fla., auf die Nachricht, daß meine Schwester dort sehr krank wäre," sagte sie. "Als ich dort ankam, bekam ich eine Depesche, daß unser Heim drei Meilen nördlich von Omaha zerstört sei. Alle Glieder meiner Familie waren verletzt worden, meine Mutter schwer. Selbstverständlich reiste ich sofort wieder zurück.

"Als wir durch Ohio kamen, wurden wir von den Fluten lange Zeit aufgehalten. Die Leidensszenen, die ich dort sah, machten natürlich keinen erheiternden Eindruck auf mich, da ich voller Sorge war um den Zustand meiner Lieben in Omaha. Ich hoffe, das Schlimmste gesehen zu haben und daß ich zu meiner Familie zurückkomme, ehe etwas Schlimmes geschieht."

Tobende Stürme

Sah den Anfang der Flut.

„Gott helfe Peru! Ich reiste dort letzte Nacht ab und sah gerade den Anfang der Flut. Wenn das so weiter geht, wird es entsetzlich werden. Es gibt keinen Weg, auf welchem man den Wabashfluß anhalten kann, so wie er gestern durch Peru rauschte. Man sieht keine Ufer und er fließt nur wenige Blocks von dem Hauptgeschäftsdistrikt. Nur ein Wunder kann die Leute retten, die in den Niederungen wohnen."

Dieser Bericht, die erste persönliche Nachricht, die South Bend am 27. März über das Unglück in Peru erreichte, kam von einem Reisenden von Chicago, der nach dem was er gesehen hatte, das Schlimmste befürchtete. Glücklicherweise trat das Schlimmste nicht ein, obgleich die Lage noch schrecklich genug war.

Anschauliche Erzählungen von der Zerstörung, die die Fluten in Indianastädten angerichtet hatten, wurden von R. W. Duke von Kokomo, Ind., und John F. Fox in Chicago gegeben, die von den überfluteten Gegenden mit der Pennsylvania Eisenbahn am 28. März in Chicago ankamen.

„Als ich die ersten Nachrichten von der Flut empfing, bestieg ich in Kokomo sofort einen Zug der Erieeisenbahn, um nach Peru zu reisen und meinen Verwandten, die dort wohnen, beizustehen," sagte Herr Duke. „Wir fanden das Geleise, als wir Peru bis auf drei Meilen nahe gekommen waren, weggewaschen und waren gezwungen, ein Ruderboot zu nehmen, um nach Peru zu kommen. Die Szenen, welche ich in Peru erblickte, werden für immer in meinem Gedächtnis bleiben.

„Leute trieben umher auf Flößen und warteten darauf gerettet zu werden. Die Arbeit der Hilfskomiteen ist darauf gerichtet den Lebenden zu helfen. Es blieb keine Zeit übrig nach Todten zu suchen."

Sieht Brücke wegschwemmen.

Glenn Marston, Herausgeber des Public Service Magazins, erreichte Chicago am 29. März von Columbus. „Die Dinge kamen in so rascher Aufeinanderfolge, daß es unmöglich war, sie alle im Gedächtnis zu behalten," sagte Herr Marston. „Am Mittwoch, als die Flut am höchsten stand, kletterte ich auf das Dach des Crittenden Hotels. Von diesem Punkte aus sah ich wenigstens 500 Leute auf Hausdächern stehen, die mit Tischtüchern, Handtüchern und anderen Sachen winkten, um die Aufmerksamkeit auf sich zu ziehen. Als ich am Donnerstag Nachmittag aus Columbus abzureisen versuchte, sah ich mehrere Leute, unter ihnen eine Anzahl Frauen, auf der Highstraßebrücke stehen. Ich war bestürzt, als ich sah, daß die Brücke plötzlich in Bewegung kam und fortgeschwemmt wurde, mit den Leuten auf ihr, die versucht hatten auf derselben den Fluß zu kreuzen. Es war unmöglich, ihnen zu helfen und sie versanken vor meinen Augen im reißenden Strom."

Kapitel VIII.

Was ein Korrespondent sah.

Kurze und interessante Erzählung von einem der ersten auswärtigen Besucher in Dayton nach der Flut.

Hr. Eugen C. Cour, ein Spezialkorrespondent des Chicagoer Journal, kehrte am Samstag den 29. März von Dayton mit einer die große Flut klar beschreibenden Geschichte zurück. Mr. Cour machte viele Photographien, während er tief im eisigen Wasser stand. Er entrann der Flut und ging 26 Meilen zu Fuß zu einer Eisenbahn, um einen Zug zu erreichen, der ihn nach Chicago zurückbrachte.

Hrn. Cours Photographien waren die ersten, die in Chicago veröffentlicht wurden.

Vier Tage und drei Nächte lang konnte Herr Cour sich nicht auch nur für einen Augenblick hinlegen. Als er nach seiner Office in Chicago kam, war er aufs äußerste erschöpft. Die folgende Geschichte wurde einem Stenographen diktirt, als Herr Cour in einem Stuhle saß:

„Ich war der erste Mann von der westlichen Seite des Miamiflusses, der Dayton erreichte. Die Szenen der Zerstörung und Verwüstung sind beinahe unbeschreiblich.

Ein auf besondere Weise gemietetes Boot hatte mich durch den vornehmen Residenzdistrikt geführt, der noch immer unter fünfzehn Fuß Wasser stand. Männer und Frauen weinten und baten um etwas zu essen und Wasser zum trinken.

Die Retter trugen kotbespritzte, hohl aussehende Männer und Frauen zu den Booten. Ihre Glieder waren ihnen steif geworden und sie waren wie gelähmt, da sie bis zu den Schultern 32 Stunden lang im Wasser stehen mußten. Viele hatten Säuglinge und Kinder in den Armen.

Framehäuschen von Norddayton, welche zwei Meilen bis zu diesem Distrikt getrieben, waren auf den Straßen zu Feuerholz zertrümmert worden. Hunderte von zerbrochenen Automobiles, Straßenbahnwagen und allerlei Wagen lagen oder trieben umher und hinderten die Rettungsboote. Die Asphaltpflasterung der Straßen war aufgerissen und in großen Haufen über die Straßen zerstreut.

Todte Tiere lagen in der Stadt überall umher, das Algonquin Hotel, von dem es einmal hieß, daß es verbrannt sei, und das Y. M. C. A. Gebäude, in welchem 1500 Personen ein Obdach fanden, waren beide unbeschädigt, obgleich sie unter mehreren Fuß Kot und Trümmer standen. Ein Gespann todter Pferde versperrte den Eingang zum Algonquin Hotel.

An der Union Station, wo 600 Personen umgekommen sein sollen, fand ich achtzehn todte Pferde, der Hilfszug hatte die 600 Personen nach dem hochgelegenen Lande genommen. Ich prüfte jeden Bericht von gefundenen Leichen und fand nur zwei, die im unteren Distrikt geborgen wurden.

Der abgebrannte Teil bedeckt zwei Straßengebierte. Es war auch keine große Gefahr, daß das Feuer sich weit ausbreiten würden, da die fünfzehn Fuß Wasser, in welchem die Gebäude standen, dem Feuer Einhalt geboten.

Ich fand auch aus, daß die Soldaten nur zweimal auf

Diebe feuern mußten. In beiden Fällen wurden die Diebe nicht verletzt.

Dei Haupturſache der Zerſtörung im Dayton View Diſtrikt war der Bruch des Dammes, der viele Tonnen Waſſer hereinließ und Hunderte von Häuſern, Hütten und Ställen gegen die großen Wohnungen und Geſchäftsgebäude der Stadt anſchwemmte.

Gebäude ſind mit Kot gefüllt.

Die Gewalt des Stromes hatte tiefe Gräben durch die Aſphaltſtraßen geriſſen und brachte Kot von dem Damm und Fluß in die Gebäude und füllte dieſelben an manchen Plätzen mit drei Fuß tiefem Kot an.

Auf die Flut regnete oder ſchneite es unausgeſetzt.

Das Dayton View Schulhaus, militäriſches Hauptquartier und die Zufluchtsſtation für die Stadt Dayton, war voll von Tauſenden, die aus den Fluten gerettet waren. Hier wurden ſie geſpeiſt und erhielten ärztliche Behandlung. Von dieſem Platze wurden ſie nach den verſchiedenen Wohnungen auf den Hügeln geſchickt.

Was am meiſten fehlte, war Trinkwaſſer. Man hatte auch keine Gefäße, um das Wenige was man an Hand hatte, zu verteilen.

Beinahe alle Geretteten hatten naſſe Kleider an und zitterten vor Froſt. Man konnte ſie nicht wärmen oder ihnen trockene Kleider zum Umziehen geben. Fünfundvierzig Automobiles waren immer unterwegs von dieſem Platz aus, um die Flüchtlinge nach Wohnungen und Kirchen zu bringen.

Erklettern einen Telegraphpol.

Paul Siegel, ein Flüchtling und Angeſtellter der National Cash Regiſter Company, erzählte Folgendes:

„Ich ſah vierzehn Leute auf Trümmern zuſammengedrängt zwischen einem Lampenpfosten und einem Telegraphenpfosten. Die Trümmer brachen auseinander und die Leute kletterten außer sich am Telegraphenpfosten in die Höhe. Mehrere davon waren Frauen.

„Eine hielt ein kleines Kind in den Armen. Alle vierzehn erreichten einen sicheren Platz an dem Pfosten. Wir bewachten sie während der Nacht und konnten sie in Zwischenräumen im Aufflammen der Feuer in der Stadt sehen. Mehrere Versuche wurden gemacht sie zu erreichen, aber der Strom war zu reißend. In der Morgendämmerung waren noch fünf übrig. Diese wurden später am Tage gerettet."

Frauen und Kinder zuerst.

Bei aller Rettungsarbeit nahm man sich zuerst der Frauen und Kinder an. In den Tausenden von glücklich vollbrachten Rettungen versuchte kein Mann in Dayton das ungeschriebene Gesetz „Frauen und Kinder zuerst" zu verletzen, obgleich dies Vielen das Leben kostete.

Am Fuß der Dayton View Brücke, wo man eine Rettungsstation eingerichtet hatte, wurden neugeborne Kinder aus den Booten genommen. Die Mütter waren bewußtlos. In vielen Fällen wurden Frauen aus Betten zu ihren zwei und drei Tage alten Kindern geholt.

Die Retter wurden in ihren Arbeiten dadurch gehindert, daß ihre Boote meistens die unsicheren Kanoes waren und von diesen waren auch zu wenige vorhanden. Es wurde berichtet, daß in mehreren Fällen Boote, in denen Kranke transportirt wurden, umschlugen und Retter sowohl wie Gerettete in dem schmutzigen Wasser ertrinken mußten.

Arbeiten heldenmütiger Retter.

Retter, Polizei und Soldaten haben keine Erleichterung. Sie arbeiten bis zur Erschöpfung und werden nach großen Baumstammfeuern getragen, wo sie im Kot schlafen. Da sind Männer, die Dayton niemals vergessen wird und auf die Ohio stolz ist. Das ist die allgemeine Meinung der Auswärtigen, die Resultate des Rettungswerkes von Seiten der Helden gesehen haben.

Der erste Hilfszug.

Die erste Hilfe für Dayton kam am Mittwoch von den Farmern der Umgegend und war eine Folge des Appells um Hilfe für die Frauen und Kinder der geschlagenen Stadt. Der Hilfsruf wurde von einem Städtchen zum anderen auf einem Automobil gebracht und ein Hilfszug mit sieben Wagen wurde zusammengestellt.

Die Farmer halfen so bereitwillig und reichlich, daß die sieben Wagen schon an den ersten drei Stationen gefüllt waren. Die geschenkten Gaben bestanden meist aus Eiern, Milch, Kartoffeln und frisch geschlachteten Rindvieh und Schweinen.

Die Geleise auf den verschiedenen Zweiglinien waren Mittwoch Nacht ausgebessert. Bald kamen auf der Nordseite Daytons mehrere Hilfszüge zusammen.

Die praktischen Farmer hatten durchweg gekochte Nahrungsmittel gesandt, wo sie konnten. Alles Mehl, das ankam, wurde den Hausfrauen überwiesen und die Lampen in den Häusern der kleinen Ortschaften kann man die ganze Nacht brennen sehen. Da wurde Brod u. a. von den Frauen gebacken.

Auf meiner Reise nach Dayton fand ich, daß das Wasser überall östlich von Lafayette seinen höchsten Stand erreicht hatte. Ich wurde zuerst in West Indianapolis aufgehalten durch den White Fluß, welcher alle Verbindungen mit Indianapolis aufgehoben hatte. Die drei zur Verfügung stehenden Boote wurden zur Rettung von 450 Frauen und Kindern vom Schulhaus No. 16 und anderen von Hausdächern benutzt.

Ich fand einen Führer und machte eine Tour nördlich und um Eagle Creek herum und suchte eine Stelle, auf der ich die Ueberfahrt über den Fluß machen konnte. Hier fand ich die Zustände schlimmer. Man sagte dort, daß 300 ertrunken seien. Wir stampften durch den Kot nach West Indianapolis zurück und fanden ein aufgegebenes Boot. Mit diesem fuhren wir ab um die Ueberfahrt zu wagen.

Im Wasser bis an die Schultern.

Wir schossen dahin wie auf den Stromschnellen des Niagaraflusses zwei Block weit ehe wir durch den reißenden Fluß in stilleres Wasser kamen. Wir ruderten ungefähr eine viertel Meile, als unser Boot auf den Boden aufstieß. Wir fanden, daß wir auf einem überschwemmten Eisenbahnhof waren. Wir mußten aus dem Boot steigen und es von einem Geleise zum andern schleppen. Manchmal waren wir bis unter die Arme im Wasser. Endlich trafen wir auf eine ausgewaschene Stelle. Während ich am Boote zog, fiel ich in das tiefe Loch. Mit der Hilfe des Führers gelang es mir wieder in das Boot zu kommen, obschon ich durch das Bad im eiskalten Wasser ganz durchnäßt war.

Von diesem Punkt hatten wir wenig Mühe, nach dem westlichen Ende der Vandaliabrücke zu gelangen. Die Brücke konnte jeden Augenblick weggeschwemmt werden. Wir fuhren hinüber so schnell als unsere erstarrten Glieder es erlauben wollten. Wir machten den Weg in einem bösen Schneesturm und erreichten Indianapolis spät am Abend.

Hier erfuhr ich, daß die Big Four Eisenbahn versuchte,

einen Arbeiterzug über eine Route zu schicken, die mich innerhalb dreißig Meilen von Dayton bringen würde.

Ging mit dem Arbeiterzug.

Ich erhielt Erlaubnis, auf dem Zuge zu fahren. Wir machten den Weg leicht, mußten aber oft aus dem Zug steigen, um Telegraphenpfosten und andere Hindernisse aus dem Wege zu räumen, welche durch den Sturm auf das Geleise geworfen waren.

Wir kamen nach Arcanum, dreißig Meilen nördlich von Dayton um 1.30 Mittwoch Nachmittag.

Hier fand ich hunderte von Männer und Frauen, die von ihren Familien abgeschnitten und durch das Gerücht in Schrecken gesetzt waren, es seien 10,000 Menschen umgekommen.

Jedes Fahrzeug, das irgend wie zu haben war, wurde in Beschlag genommen, um Dayton Hilfe zu bringen. Keines derselben konnte der heimgesuchten Stadt näher kommen. Einige hatten versucht zu Fuß zu gehen, aber sie brachen zusammen und barmherzige Farmer führten sie zum Städtchen zurück.

Findet eine Handcar.

Ich entschloß mich, sofort nach Dayton aufzubrechen und machte mich zu Fuß auf den Weg. Ich kreuzte die elektrischen Straßenbahnlinien und kam zu den Dayton und Union Eisenbahngeleisen. Hier entdeckte ich eine Handcar im Besitz von fünf Männern. Die trugen dieselbe über ein Geleise.

Ich lief ¼ Meile und rief ihnen zu, ehe sie abfuhren. Außer Atem erklärte ich ihnen, daß ich ihnen irgendeinen vernünftigen Preis bezahlen würde, wenn ich mit ihnen so weit als sie auf dem Wege nach Dayton fahren würden, mitkommen könnte.

Sie weigerten sich. Sie brächten Nahrungsmittel nach der Stadt. Ich sprang auf die Car trotz ihrer Weigerung.

„Wenn die Car nicht laufen will mit mir an Bord, dann steige ich ab," sagte ich ihnen.

Der kleine Gasolinmotor schnurrte gerade so stark mit meinem vermehrten Gewicht und ich wurde als Passagier gebucht.

Wir erreichten Dodson Junction und der Telegraphist an diesem Punkt teilte dem Mann auf der Handcar mit, der erste Hilfszug käme in kurzer Zeit an.

Von diesem Punkte nahm ich den Hilfszug bis auf drei Meilen von Dayton. Ich ging von da nach dem militärischen Hauptquartier in Dayton View zu Fuß. Nachdem mein Beglaubigungsschreiben geprüft war, bewilligte mir Major Huber einen Militärpaß. Jetzt war es 3.30 Mittwoch Nachm. Ich ging über die Dayton View Brücke. Hier sah ich zuerst die heimgesuchte Stadt.

Von den Schrecken, die später zu Tage kamen, war noch nicht viel zu sehen. Etwas Graupeln fiel, der einen Mantel über die überschwemmte Stadt breitete.

Die Frauen und Kinder in diesem Teil von Dayton waren beinahe alle gerettet und die Retter brachten jetzt die Männer, die zurückgelassen waren. Sie weigerten sich, mich nach dem Geschäftsdistrikt in einem Boot zu bringen, indem sie erklärten, daß Menschenleben auf dem Spiele ständen und es wären zu wenig Boote da, um eins einem Zeitungsmanne zu leihen.

Findet zuletzt einen Freund.

Ein junger Mann, der ein Kanoe besaß, erbot sich, mich in die Stadt Dayton zu bringen. Es kostete harte Arbeit gegen den Strom anzukämpfen. Wir kamen innerhalb eines Blocks von trockenem Seitenweg. Hier war unser Weg durch Trümmer abgeschnitten. Ich war gezwungen über die Trümmer zu klettern und watete in die Stadt im kotigen Wasser, das mir an die Hüften reichte.

Ich kam um ungefähr 4 Uhr auf trockenes Land. Die Militärwachen beorderten die Leute in ihre Häuser und ließen Niemand nach dieser Zeit auf den Straßen bleiben.

Nach einiger Schwierigkeit wurde mir erlaubt eine Tour durch den unteren Stadtteil zu machen. Ich wurde von einer Wache zur andern befördert. Ich nahm Bilder in jeder Richtung, als ich rasch durch die Straßen ging. Die dritte Wache weigerte sich eine Uebertretung der Militärbefehle zu gestatten. Ich erklärte, daß ich nicht zur Stadteinwohnerschaft gehöre und zeigte mein Beglaubigungsschreiben, aber er sagte, „Habe nichts einzuwenden, schwimmen Sie."

Zweihundert Leute warteten auf Zulassung zu den Rettungsstationen. Es waren 2 Boote vorhanden, ein Canoe, welches 2 Personen trug und ein kleines Ding mit flachem Boden, welches drei Personen hielt.

Die Wache hielt die Menge in Reihen und so langsam wie die Boote kamen und gingen, war ich noch ungefähr 200 Stunden von trockenem Land. Ich machte einen Umweg, kreuzte einen Haufen Bauholz und andere Trümmer, welche ungefähr einen und einhalb Block in die Flut sich erstreckten.

Die Wassertiefe erprobend, fand ich einen seichten Fleck knietief. Ich entledigte mich meines Rockes und wickelte meine Camera darein und marschierte weiter.

Der Kot liegt knietief in den Straßen.

Ich glaubte, es würde mir gelingen, auf die andere Seite des Dammbruches zu kommen. Ich fand, nachdem ich bis zu meinen Armhöhlen durchs Wasser gewatet war, daß der Strom beträchtlich tief alles ausgewaschen hatte.

Ich wollte Monument Ave. erreichen, und kam dahin durch eine Seitengasse. Hier fand ich Kot knietief in der Straße liegen.

Ich gab Signale und schrie so laut ich konnte um Hilfe. Ein Rettungsboot fuhr ab und nahm mich auf, um mich am Fuß der Monument Ave. abzusetzen. Ich wurde in ein Automobil gepackt und zwei und eine halbe Meile zu einer Hilfsstation, glücklicherweise nördlich gefahren, in der Richtung, in der ich zu gehen wünschte.

Es war kein Feuer in der Station und da meine Kleidung ganz durchnäßt waren, brach ich mit schnellem Lauf nach Arcanum auf und ließ Dayton hinter mir.

Ich erkundigte mich nach irgendeinem Weiterbeförderungsmittel, konnte aber nichts finden. Meine Kleider froren steif und machten mir große Schwierigkeiten beim Gehen.

Ich ging zu Fuß nach Brookville, eine Strecke von vierzehn Meilen. Ich war beinahe erschöpft. Ich ließ mir heißen Kaffee und belegte Brödchen geben und nahm meinen Weg wieder auf. Nach einem Gang von 3 Meilen entdeckte ich, daß ich auf dem Rückwege nach Dayton war. Ich wandte mich um und ging nach Arcanum weiter.

Ich kam nach Dodson ungefähr um 3 Uhr Donnerstag Morgen. Von dort ging ich auf den Dayton und Uniongeleisen. Sie waren in schrecklichem Zustand — ausgewaschen hunderte von Fuß lang.

Nach einem Gange von ungefähr drei Meilen wurden meine Tritte mehr und mehr automatisch und da ich nicht aufpaßte, fiel ich in ein ausgewaschenes Loch und verletzte mein Knie.

Eines Farmers Herz ist mitleidig.

Ich schleppte mich nach dem erften Farmhaufe und da ich jetzt außer Stande war zu gehen, bat ich um ein Fuhrwerk. Der Farmer, McNally, hatte die Hülfsarbeit in jenem Diftrikt zu beauffichtigen und wünfchte nicht fein Collektirfyftem zu benachteiligen durch die Verleihung feines Buggys. Endlich erbot er fich, als er meinen erfchöpften Zuftand fah, mich nach Arcanum zu bringen, wenn ich für die Hilfskaffe zehn Dollars geben würde. Ich hatte gerade Zeit genug, mit dem Zug nach Indianapolis Verbindung zu machen.

Ich erreichte Indianapolis um 3.10 Freitag Nachmittag. Ich fragte fogleich nach einem Zuge nach Chicago. Ein Angeftellter wies auf einen Zug der die Station verließ und fagte: Dies ift der zweite Zug, der feit der Flut nach Chicago abfährt.

Ich erwifchte ihn noch mit knapper Not und kam ohne weiteren Vorfall in Chicago an.

Die Arbeit der Retter.

Einer der Paffagiere auf dem erften Hilfszug von Toledo, dem es gelang in die heimgefuchte Stadt Dayton zu kommen, nachdem er viele Umwege durch das überfchwemmte Gebiet gemacht hatte, war Mr. Clyde T. Brown, ein Berichterftatter der „Chicago Daily News". Die Berichte von dem was er gefehen und erlebt hatte zufammen mit den erfchütternden Erzählungen, die er von denen gehört hatte, die ganze Tage und Nächte in Schrecken und Angft verbracht hatten, bilden ein Gefammtbild der Lage, das keines Zufatzes und Ausfchmückung bedarf.

Es ift eine Erzählung, wie eine Stadt plötzlich fand, daß ihre Straßen zu reißenden Strömen geworden waren, wie große Gebäude plötzlich zu kleinen hülflosen Inseln wurden, Felsen in einer sturmbewegten See, und wie Heimstätten plötzlich weggerissen wurden wie Spielhäuschen von Sand in der anschwellenden Flut des Strandes. Es ist auch eine Geschichte des Heldenmutes und der Aufopferung in der Rettungsarbeit.

Herr Brown war auf einem Hilfszug, der von Toledo mit der New York Centraleisenbahn um 6.30 Mittwoch Abend abgesandt wurde, in weniger als 36 Stunden nach der schrecklichen Ueberflutung Daytons durch den Big Miami Fluß. Er fuhr durch lange Strecken, wo alles außer dem Eisenbahngeleise unter Wasser stand.

Die gefährliche Reise des Hilfszuges und seine Erlebnisse schildert Herr Brown wie folgt:

"Wir machten die Reise in achtzehn Stunden und kamen nach vielen Schwierigkeiten in Dayton kurz nach Donnerstag Nachmittag an. Ueber West Liberty mußten wir viele Umwege machen. An diesem Punkte kamen wir zu einer weggeschwemmten Brücke.

"Hundert und mehr Farmer standen mit Fuhrwerken bereit. Der Zug trug einen Vorrat Medizinen, Kleider und Lebensmittel, außerdem Aerzte, Krankenpfleger, Seekadetten, Telegraphisten und Zeitungsberichterstatter. Die Lebensmittel u. s. w. wurden umgeladen in die Farmerwagen. Diese mußten dreieinhalb Meilen um den ausgewaschenen Teil auf einem Umweg fahren, wo ein anderer Zug wartete. Wir machten diesen Weg zu Fuß durch Kot, Wasser und Schnee.

"In dem zweiten Zuge kamen wir nach Xenia, dann nach Springfield und endlich nach Dayton. Ueberall fanden wir überschwemmte Zustände und zu Zeiten machte der Zug kaum 8½ Meilen die Stunde.

„In Dayton fanden wir die Leute außer sich, in Verzweiflung und halbverhungert. Sie standen zusammen, wo immer hochgelegene Plätze einen Zufluchtsort boten. Die Flut war etwas gefallen, aber die Straßen waren noch immer reißende Ströme in vielen Stadtteilen und die Wasserzeichen an den Gebäuden zeigten, daß die Flut an manchen Plätzen zwölf Fuß hoch gestanden war.

„Das Militär hatte bereits einen Cordon um die Stadt gebildet und Neugierigen war der Eintritt absolut verboten. Ueberall an unserer Reiseroute entlang hatten Leute versucht, den Zug zu besteigen, um nach Dayton zu fahren und nur schwer konnte man sie vom Besteigen der Cars zurückhalten. In Springfield, z. B., versuchte eine Anzahl rauher Gesellen den Zug zu besteigen und ein Kampf fand statt, ehe sie zurückwichen.

„Jeder in Dayton hatte hohe Gummistiefel an. Reisen war beinahe unmöglich außer mit Booten. Ueberall wurde das Rettungswerk fortgesetzt. Jeder der arbeitsfähig war, half mit.

„In vielen großen Gebäuden waren noch immer hunderte von Personen durch Wasser isolirt und diese wurden so schnell als es gehen wollte, fortgebracht. Ueberall in dem Residenzdistrikt waren Leute in dem zweiten Stock ihrer Wohnungen eingeschlossen oder standen auf ihren Dächern. Mitglieder der Rettungsmannschaft brachten in Booten diesen Leuten Nahrungsmittel, indem sie von Haus zu Haus fuhren.

„Der erste Schrecken der Katastrophe schien etwas nachgelassen zu haben und die Leute hatten sich mehr mit der Lage abgefunden. Sie waren jedoch in einem nervenzerrütteten Zustand, den ihre Schlaflosigkeit und die Ueberanstrengung von Körper und Geist herbeigeführt hatte.

„Eine neue Panik brach aus, als es am Donnerstag

Nachmittag hieß, daß auch das Lewiston Reservoir gebrochen und daß eine neue Flut auf dem Wege sei. Diese Nachricht erwies sich jedoch glücklicherweise als unwahr.

„Berichte von schrecklichen Tragödien mit Erzählungen von bewiesenem Heldenmut zirkulirten und gar manche Tat der Tapferkeit und Ausdauer in den durchlebten schweren Stunden wird nie vergessen werden.

„Man wußte noch immer nicht genau, wie viel Personen umgekommen waren. Ungefähr achtzig Leichen waren geborgen worden, als ich Dayton Donnerstag Abend verließ. Sie waren in temporären Morgues untergebracht worden. Auch waren Viele durch eigene Hand umgekommen, denn Viele waren verzweifelt oder wahnsinnig geworden als sie sahen wie die steigenden Wasser ihnen immer näher kamen.

Matrosen retten 150 und kommen dann selbst um.

Eine interessante Heldentat wurde berichtet von zwei Matrosen, die zufällig in Dayton waren, als die Flut hereinbrach. Sie opferten ihr Leben im Dienst der Menschenrettung. Ihre Namen gingen mit ihren Leichen unter in den reißenden Wassern.

„Die zwei Matrosen wohnten in dem Residenzdistrikt von West Dayton als der Strom dort ankam. Geschickt in der Handhabung von Booten, verschafften sie sich schnell ein solches. Man erzählte mir, sie hätten wenigstens 150 Männer, Frauen und Kinder gerettet aus überschwemmten Wohnungen und sie eine Ladung nach der andern nach höher gelegenem Lande gebracht.

„Die Wasser stiegen höher und wurden immer reißender, je mehr sie mit der Arbeit voranschritten. Sie fuhren ab um eine andere Rettung zu vollbringen und kamen in den reißenden Strom. Ihr Boot schlug um vor den Augen Vieler, die sie gerettet hatten. Es war unmöglich in dem schnellen Strom zu schwimmen und die beiden Helden gingen unter und ihre Leichen schwemmten davon, um wahrscheinlich nie wieder zum Vorschein zu kommen.

Die Helden, deren Namen mir berichtet wurden, sind zu zahlreich, um sie alle zu nennen. Männer kämpften mit dem Wasser in den Rettungsarbeiten, bis ihre Kraft erschöpft war. Boote waren nachher reichlich vorhanden; man hatte solche von benachbarten Städten und Plätzen gesandt.

„Sofortige Rettung derjenigen, die in den großen Geschäftsgebäuden unter Wasser gesetzt waren, war unmöglich wegen des reißenden Stromes, der durch den Geschäftsdistrikt der Stadt floß und dies wurde auch nicht versucht bis Donnerstag, als die Wasser beträchtlich gefallen waren.

Die Methode der Rettung war merkwürdig. Die Strömung in den Straßen machte es unsicher an die Gebäude zu rudern. Seile und Kabel wurden in die Fenster geworfen und im Innern festgebunden. In vielen Gebäuden wurden die Kabel der Aufzüge (Elevators) zerschnitten und zur Rettung gebraucht. Die Bootleute benutzten diese Seile und Kabel zur Fortbewegung ihrer Boote, indem sie Hand über Hand sich daran durch gefährliche Stellen hindurchzogen.

„Hunger war die Hauptklage der Leidenden unter denen die in den Officegebäuden eingeschlossen waren, aber genügend Lebensmittel waren zur Hand, nachdem das Hilfswerk begonnen hatte und systematisch betrieben wurde.

„Kirchen, Schulen und alle höhergelegenen Gebäude wurden in Schlafstätten verwandelt. Viele Personen wurden auch außerhalb Daytons in nahegelegenen Ortschaften untergebracht. Jeder Farmer der nach Dayton fahren konnte, war dort bereit, mit so vielen der Obdachlosen auf seinem Wagen zurückzufahren, als er versorgen und beherbergen konnte.

„Es gab viele Fälle von persönlich bewiesenem Heldenmut. Ein Barbier, Eduard Price, in dem Glauben, daß seine Frau und Kinder in ihrem Hause in Edgemont in Sicherheit seien, ging in den Mittelpunkt Daytons, als die Flut hereinbrach, um seine Eltern, Brüder und Schwestern zu retten. Er verschaffte sich ein Boot und nach einer schwierigen und gefährlichen Fahrt fand er die ganze Familie auf dem Dache ihres Wohnhauses und das Wasser schon in der Höhe des zweiten Stockes. Er allein trug die Familienglieder in Sicherheit. Mittlerweile hatten die tobenden Wasser sich durch alle Stadtteile ausgebreitet und auch Edgemont stand unter Wasser. Als ich Dayton verließ, hatte er seine Frau und Kinder noch nicht gefunden, obgleich er Tag und Nacht nach ihnen gesucht hatte.

Tödtet seine Frau und sich selbst.

„Es gab viele Selbstmorde. Ein besonders trauriges Ereigniß trug sich in einem Hause in Jefferson Straße zu. Ein Mann und seine Frau standen an dem Fenster des zweiten Stockes ihrer Wohnung am Dienstag den ganzen Nachmittag und riefen verzweifelt um Hilfe. Die Straße vor dem Hause war zu einem reißenden Strom geworden und Niemand wagte es den Stromschnellen zu trotzen, um an das Haus in einem Boote zu kommen. Das Wasser stieg höher und näherte sich den zwei am Fenster stehenden immer mehr. Wenn das Wasser uns erreicht, werde ich meine Frau und mich selbst tödten, schrie er laut. Er ließ einen Revolver sehen. Es wurde

Tobende Stürme

Nacht. Man hörte zwei Schüsse fallen. Am Morgen waren die zwei Personen vom Fenster verschwunden.

„Mehrere Männer die am Rettungswerk sich beteiligt hatten, fanden ihren Tod als eine Wagenladung Carbide nahe bei der Eisenbahnstation explodirte.

„Andere, die nachdem die Wasser etwas gefallen waren, durch die Straßen gingen, verschwanden plötzlich. Man fand die Ursache darin, daß die Gewalt der Wasser in den Abzugskanälen die Deckel von vielen Mannlöchern abgeschleudert hatte und daß die so plötzlich Verschwundenen unversehens in diese Löcher hineingefallen waren.

Als ich Dayton am Donnerstag Abend verließ, hatte das Wasser viele Straßen verlassen und es stand an jedem Punkte, denke ich, nicht mehr als vier Fuß hoch. Keins der großen Gebäude hatte ernstlichen Schaden erlitten. Waarenvorräte waren indessen in Massen ruinirt und der Verlust an Wohnungen war ohne Zweifel sehr groß.

„Raub und Diebstahl wurde wenig versucht. Das Militär welches die Stadt vollkommen unter Kontrolle behielt, war im Verein mit der Polizei auf scharfer Wacht gegen jeden Diebstahlsversuch."

Kapitel IX.

Ereignisse während der Ueberschwemmung.

Erzählungen voll Pathos und Schrecken, die lange in dem überschwemmten Distrikt in Erinnerung bleiben werden.

Die Geschichte von dem was wirklich während der ersten zwei Nächte und des einen Tages in Dayton geschah, nachdem die Wasser über die Stadt hereingebrochen waren, die von Verwandten vermeintlich Todter und erschöpften Rettern und leidenden aus der Flut und Gefahr geretteten Personen, wurde langsam erzählt und jedes Bruchstück der Erzählung ist eine Tragödie in sich selbst.

Da ist die Geschichte von George H. Schaeffer, einem Retter, der in die Flut hinausfuhr mit einem Kahn und eine Frau und ihr Kind rettete.

„Ein Haus, das von seinem Fundament losgerissen war, trieb hinter uns im Wasser her," sagte Schaeffer. „Die Frau war voller Angst. Ich sagte ihr, es wäre keine Gefahr. Plötzlich stand sie auf und sprang mit ihrem Kinde im Arme ins Wasser. Sie ging sofort unter und kam nicht wieder zum Vorschein."

Ferner war da der Schrecken, den „Bill" Riley, früher Clerk des Ver. St. Gerichts in Cincinnati und jetzt Verkäufer für die National Cash Register Company, selbst sah.

„Wir sahen eine sehr alte Frau an dem Fenster eines Hauses stehen und auf ihre Rettung warten," sagte Riley. „Wir ruderten auf das Haus zu. Plötzlich brach das Haus in Stücke und die Frau darin wurde vom

Tobende Stürme

Strom verschlungen. Das war das letzte, was wir von ihr sahen.

Schwimmt mit seinem Hause weg.

„Dann war da der Mann, der beinahe gerettet, in den Kahn schon getreten war und dann wieder in sein Haus zurückstieg, welches eine kurze Weile später mit ihm weggeschwemmt wurde.

Und die Geschichte von einer Negermutter, die mit ihren beiden Kindern nach einem sicheren Platze gerudert wurde, als der Kahn an einen Baum stieß und das kleine Fahrzeug umschlug. Die Kinder ertranken. Die Mutter wurde gerettet von Rob. Burnham, dem Eigentümer des Kahns; starb aber unterwegs, ehe sie das Hospital erreichte.

Entkam auf einer Drahtbrücke.

John Scott, ein Angestellter der National Cash Register Company, der kürzlich von Butte, Mont., kam, bestieg einen Telegraphenpfosten und leitete vermittelst eines Telegraphenkabels Männer, Frauen und Kinder, die von überschwemmten Häusern gerettet waren, nach sicheren Plätzen. Diese Methode eine Flut zu überbrücken, würde in einem Melodrama eines Theaters nicht als wirklich möglich aussehen, wurde aber in Gegenwart von hunderten von Personen, die auf sicheren Plätzen zuschauten, wirklich vollbracht.

Scott hatte schon ein Dutzend Personen über die schwingende Drahtbrücke geleitet, als die Explosion geschah, die das Feuer verursachte; der Luftstoß schleuderte Scott von seinem Pfosten und er fiel in einen Baum.

„Das letzte was ich von ihm sah, war, als er versuchte auf einem Baumaste in das Fenster eines leerstehenden Hauses zu kommen," sagte Frank Stevens, ein Kamerad von Scott. „Das Haus stand in der Richtung des Feuers.

Eine Frau war im Waffer ifolirt worden auf dem Dach eines großen Möbeltransportwagens, der mitten in der Straße stand seit Dienstag Morgen um 10 Uhr. Sie und zwei Männer hatten versucht, die Flut in dem Wagen zu kreuzen, als das Fahrzeug umschlug. Einer der Männer wurde herausgeworfen und ertrank, der andere konnte sich auf ein Pferd retten und erreichte trotzdem er mit dem Pferde weggeschwemmt wurde, doch einen sicheren Platz.

Ein Mädchen in Männerkleidern.

„Was ist Ihr Name?" fragte der Registrator, der Flüchtige an der National Cash Register Fabrik in Empfang nahm, eine schlanke Person in Männerkleidern.

„Norma Thuma" war die Antwort.

„Norma," fragte er wieder.

„Ja, ich bin ein Mädchen," war die Antwort. Sie hatte Männerkleider angezogen, als sie die gefährliche Fahrt über das Drahtgespann ungehindert von Mädchenröcken antreten wollte.

Norma erreichte ein sicheres Unterkommen mit Rudolf Myers, seiner Frau und ihrem kleinen Kind. Myers hatte den Pfosten zuerst erklettert. Er ließ ein Seil herunter zu seiner Frau, welche daran einen Mehlsack band, in dem ihr drei Monate altes Baby steckte. Myers zog das Seil mit seiner kostbaren Last in die Höhe und ließ es dann wieder herab, um seiner Frau beim Aufstieg zu helfen. Mit dem Mehlsack über die Schulter und seiner Frau hinter ihm schritt Myers, indem er sich an zwei dünnen Drähten festhielt auf dem Kabel einen ganzen Block weit entlang, ehe er einen sicheren Platz erreichte.

Tobende Stürme

Findet ihren verlorenen Ehemann.

Aus der Flut wurde am Mittwoch Frau James Cassidy mit ihren drei Kindern in Sicherheit gebracht. Frau Cassidy war in Trauer wegen des Berichtes, daß ihr Mann seinen Tod durch Ertrinken gefunden habe. Als sie ihren Namen registriren ließ, wurde ein Mann ins Hauptquartier gebracht, der vorm Umfallen gehalten werden mußte und ganz durchnäßt war.

"Jim!" schrie die Frau auf. "Das bist du, du bists, du bists, du bist nicht todt? Sag', daß du nicht todt bist!"

Jim war vom Ertrinken gerettet worden. Seine Rückkehr war die einzige Freude in der traurigen Stätte im Hauptquartier, wo die Opfer von Flut, Feuer und Hunger versammelt waren.

Eine Frau, durch die schrecklichen Erlebnisse des Tages wahnsinnig geworden, focht mit Bill Riley und seinem Gefährten, Chas. Wagner, der sie in einem Boote gerettet hatte. Sie biß Riley in die Hand und würgte Wagner, der sie beruhigen wollte. Das kleine Boot schwankte und war nahe daran umzukippen, als die Frau plötzlich ruhig wurde und zu beten anfing.

Erinnerte sich an ihren Freund.

Eine Frau mit drei Kindern, isolirt durchs Wasser in dem oberen Stock ihres Heimes am Rande des Geschäftsdistrikts, rief den Ruderern zu:

"O, ich weiß, ihr könnt mich nicht hier wegnehmen, aber bitte, nehmt diesen Laib Brod und Krug Wassers nach Sarah Pruhn unten in der Straße; ich weiß, sie leidet Hunger.

Zweimal versuchten die Bootsleute die Nahrungsmittel zu nehmen, aber die Wellen, die das Haus umspülten, trieben sie immer wieder zurück.

Weiter entfernt, im exklusiven Residenzviertel wurden den Ruderern fabelhafte Summen geboten für Rettung von vielen, die durch die Flut zu Gefangenen geworden waren. Ihre Erzählung gab den Anstoß zu einer Bemühung, ein Boot ins Wasser zu lassen, mit dem man überall hinfahren könnte; aber bis zu einer späten Stunde am Mittwoch konnte das Fahrzeug noch nicht weiter fahren, als nach den Strecken, die man schon erreicht hatte.

Eine Frau stürzt sich in den Tod.

Eine anschauliche Beschreibung der haarsträubenden Szenen in dem überfluteten Dayton-Distrikt wurde in Indianapolis am 27. März von Martin Ellis, einem von Dayton geflüchteten Manne gegeben.

Er erzählte, er sei in der Flut überrascht worden, als er und seine Frau in dem Hotel Algonquin gewohnt, und daß er von einem Fenster im zweiten Stock auf das Dach eines vorbeischwimmenden Hauses gesprungen sei.

Später sei seine Frau, irrsinnig geworden durch die gesehenen schrecklichen Szenen und die Gedanken an ihre vier kleinen Kinder, die sie in dem überfluteten Distrikt zu Hause gelassen, von dem Dache in die Flut gesprungen und weggeschwemmt worden.

Ellis war in einem schrecklichen Gemütszustand, als er gerettet war. Entbehrungen und der Verlust seiner Familie hatten ihn in eine bejammernswerte Gemütsverfassung gebracht, und er wurde nach St. Vincent's Hospital gebracht, wo er später starb.

Seine Erzählung durch einen Stenographen im Hospital folgt:

„Um 8.50 am Dienstag Morgen brach der Damm. Ich denke es war das Lewiston Reservoir. Das Wasser überschwemmte die Stadt und wurde auf der Nordostseite durch die Levee aufgehalten. Das Wasser flutete dann in einem Zuge nach Osten und überflutete die Stadt. Eine Panik folgte. Leute rannten nach den Dächern der Gebäude und wurden heruntergefegt wie Fliegen. Das Wasser schwoll schnell und immer weiter an. Meine Frau und ich sprangen auf das Dach eines kleinen Hauses, das vorbeischwamm.

„Wir waren in einem Fenster des zweiten Stocks des Algonquin Hotels. Die Flut trug uns südlich. Wir fuhren an todten und lebenden Menschen vorüber. Das Haus stand zwei Meilen von der Stadt still.

Wir blieben den ganzen Tag auf dem Haus. In der Nacht brach Feuer aus. Die Teile der Häuser, die aus dem Wasser ragten, verbrannten. Da waren Leute, die in Dachstuben ihrer Wohnungen Zuflucht gefunden hatten. Die müssen umgekommen sein. Meine vier Kinder waren zu Hause. Wir wohnten an Nord Mainstraße. Wir sahen den Oberteil unseres Hauses brennen.

„Mitten in der Nacht hörten wir Explosionen. Es war zu viel für meine Frau. Sie stürzte sich von dem Hause, auf dem wir uns befanden, herunter. Die Flut schwemmte sie weg, dann trieb das Haus, auf dem ich noch allein war, wieder weiter.

Hörte Leute schreien.

Ich weiß nicht was in den nächsten Stunden geschah. Ich fand mich auf der westlichen Seite der Flut. Dayton brannte und sie sprengten Gebäude in die Luft. Ich hörte Leute schreien und ihr Geschrei übertönte das Geräusch der Wellen und der Explosionen. Ich trieb immer weiter und dann nahm mich ein Eisenbahnzug auf."

Später verlor seine Sprache ihren Zusammenhang. „Ich gehe heim — Ich gehe heim. Laßt mich heim gehen.

O, Gott," rief er und Ellis — war heimgegangen zu seiner Frau und seinen vier Kindern, die im Feuer und Flut umkamen.

Mädchen reitet auf einem schwimmenden Pferd.

Während die Ueberlebenden verpflegt wurden, kommt der Pathos der Flut in den Erzählungen vieler zu Tage. Gelegentlich wurde die Tragödie noch packender durch den Kontrast mit einem Vorfall, der voller Humor und Romantik war.

Von den tausenden von merkwürdigen Rettungen war die Erfahrung von Frl. Flossie Lester, einer Stenographin, als eine der sonderbarsten angesehen. Sie war vom Wasser auf einem ungestürzten Möbeltransportwagen interniert in Edgemont, einer Vorstadt von Dayton. Mit mehreren Männern stieg Frl. Lester auf einen vorbeifahrenden Möbelwagen, als die Flut kam. Der Wagen stürzte bald um und die Gesellschaft wurde in das eisige Wasser geworfen.

Die Pferde, die den Wagen gezogen hatten brachen sich los, kamen auseinander und schwammen für ihr Leben. Eins derselben schwamm nahe an Frl. Lester vorüber, die einen nachschleifenden Riemen erfaßte und es gelang ihr auf den Rücken des Pferdes zu kommen.

Eine und eine halbe Meile weit klammerte sich Frl. Lester mit den Armen an den Hals des Tieres bis es eine Anhöhe des Ufers nahe bei einem Farmhause erreichte. Hier fiel Frl. Lester bewußtlos vom Pferde zu Boden. Sie wurde von des Farmers Familie ins Haus getragen. Das Pferd wurde nach dem Stalle geführt.

Frl. Lester sagte ihren Rettern, sie würde das Pferd kaufen, wenn sein Eigentümer gefunden werden könnte.

Tobende Stürme

Elephanten ertrinken.

In Peru, Indiana, sind acht Elephanten durch Wasser umgekommen. Die Elephanten waren ein Teil der Wallace-Hagenbeck Menagerie, welche ihre Winterquartiere zwei Meilen außerhalb Perus hat. Ihre Wärter wollten sie nicht loslassen und da sie an den Boden gefesselt waren, ertranken die großen Tiere.

Rettet einen früheren Feind.

In Logansport hat sich Michael Fansler, Staatsanwalt, als Leiter von Rettungsmannschaften hervorgethan und spielte zufällig beinahe auf Gefahr seines eigenen Lebens eine Hauptfigur in einer der dramatischen Rettungsszenen der Flut. Er und John Johnson, der Postmeister, waren in einem Boote mit zwei Frauen, von denen jede ein kleines Kind in ihren Armen hielt. Das Boot schlug in sechs Fuß Wassertiefe um.

Der Anwalt ergriff eine der Frauen und ihr Kind und hielt sich an einem hervorragenden Telegraphenpfosten fest. Aus dieser Lage wurde der Anwalt von einem Mann gerettet, dem er vor ein paar Monaten den Prozeß gemacht hatte, um ihn in das Staatsgefängniß zu bringen.

Fansler's Retter war im Stande ihm beizustehen mit Hilfe eines Seiles, das seine Frau in dem Fenster des zweiten Stocks ihres nahen Hauses hielt. Der Postmeister wurde gerettet durch die außergewöhnlichen Bemühungen eines Chicagoer Reisenden, D. L. McClure, der vom 2. Stock des Barnett Hotel in das Wasser hinabsprang.

Entgehen dem Tod mit knapper Not.

Während des schlimmsten Tages der Flut in Logansport hatte Jemand die Nachricht verbreitet, daß der Celinadamm gebrochen sei.

„Rettet euer Leben", war die Nachricht, die über die Dächer verbreitet wurde. Glocken und Dampfpfeifen machten den Alarm und die Verwirrung war allgemein. Es kam vor, daß die bestürzten Leute tatsächlich in die Fluten, die ihre Häuser umgaben, hineinsprangen und ertrunken wären, wenn nicht die Patrolboote sie herausgezogen hätten.

Wollten keine Rettung — tobt!

Gleichzeitig mit der Identifikation von drei Flutopfern, einer alten Frau und einem Ehepaar in Columbus, kam die Geschichte wie Wilbur Morris, 361 Glenwood Ave., zuerst vor den anstürmenden Wassern entfloh nach den Hügeln, dann durch Wasser das ihm bis an die Hüften ging, zurückwatete und ohne Erfolg Hrn und Frau Walter C. Howard und Frl. Cordelia A. Carrager im Alter von 74 Jahren bat, ihr Heim zu verlassen und sich zu retten. Sie behaupteten, daß sie für eine Belagerung wohl versorgt wären, und daß sie nicht in Angst wären. Alle drei kamen um.

Alter Mann wird irrsinnig.

Halb bewußtlos, mit vergessenem Namen, wurde ein alter Mann, im Alter von 70 Jahren, von Krankheit und Entbehrungen entkräftet in einem Hause auf der überfluteten Westseite von Columbus sterbend gefunden. Niemand war da der ihn identifizieren konnte und er wurde nach einem Irrenasyl gebracht.

Von ihren Dächern geschwemmt.

Augenzeugen in Columbus erzählten wie sie in ihren Wohnungen auf der Westseite standen und sahen, daß viele Personen in die tobenden Fluten stürzten, da ihre Köpfe gegen die einzig übrig gebliebenen Eisenbahnschienen stießen, als die Dächer ihrer Häuser, auf denen sie standen unter der hohen Eisenbahndammbrücke der Baltimore und Ohio Eisenbahn durchfuhren. Einige Häuser wurden bei der Durchfahrt ganz zertrümmert.

Konnten die Arzneien nicht essen.

Zweiundfünfzig Personen wurden gerettet aus einer Apotheke in Columbus, wo sie vier Tage lang von Wasser eingeschlossen waren. Ihre Lebensmittel waren ausgegangen und mit den Medizinen konnten sie ihren Hunger nicht stillen.

Rettete die Familienkuh.

Hier ist die Erzählung, die vor allen andern den Preis davonträgt und berichtet wie sich eine Familie gegen die Hungersnot rüstete, als die Flut kam. Diese Preisgeschichte kommt von der Heimstätte von Georg Roller, 79 Dakota Avenue, im Mittelpunkt der überfluteten Westseite von Columbus. Als die Familie die Flut kommen sah, so überredeten, zogen, trieben und lockten sie die Familienkuh in die Küche einzutreten und beförderten sie die Treppe hinauf in den zweiten Stock, wo sie ihr ein Privatzimmer gaben. Sie sorgten auch für genügend Eßvorrat an Korn und Heu für das liebe Vieh. Resultat: Ueberfluß an frischer Milch für die Familie und die Nachbarn. Eine andere Familie nahm ihre Hühner in das Haus und hatte nicht bloß ihre Hühner gerettet, sondern auch Eier genug.

Wird wieder lebendig in der Morgue.

C. A. Turney, 355 Glenwood Ave., Columbus, wurde aus einem Baume geholt und da man ihn für todt hielt, nach der temporären Morgue im Glenwood Friedhof gebracht, wo er identifizirt werden sollte. Ein kleiner Junge der daneben stand, entdeckte eine kleine Bewegung in Turneys Körper und machte den Doktor darauf aufmerksam.

Wiederbelebungsmittel wurden sofort angewandt und nach heroischer Arbeit, kehrte Turney zum Bewußtsein zurück und wurde zu dem Hause von Freunden gebracht.

Gerettet durch junge Matrosen.

Mehr als zwanzig Personen wurden aus gefährlichen Lagen auf Bäumen und Hausdächern in dem überfluteten Distrikt zwischen Logansport und Peru durch Mannschaften aus der V. St. Seekadettenstation in Chicago gerettet laut der Berichte, die Kapitän G. R. Clark, Commandant der Station vor dem Hülfscomite in Logansport gab.

Die Mannschaften der Seestation verließen Chicago Donnerstag früh den 28. März, unter Commando von Leutnant John J. London, um nach den überschwemmten Städten in Indiana zu gehen. Es waren fünfzig Rekruten und sie nahmen sechs Boote mit sich, wohlverproviantirt für einen Aufenthalt von sechs bis acht Tagen. Ihr Spezialzug erhielt den Vorzug direkt bis nach Logansport und dieser Teil des Programms war von der Chicago Handelskammer vorbereitet worden.

Als die Rekruten in Logansport ankamen, wurden ihre Boote sofort in die Flutwasser gelassen und die Leute begannen mit ihrer Arbeit. Sie brachten vielen unter Wasser gesetzten Personen, die Mangel an Lebensmitteln hatten, Hilfe und brachten andere in gefährlichen Lagen auf sichere Plätze.

Feuerwehrleute müssen fliehen.

Eine Geschichte von dem Bruch des Dammes in Dayton und dem Ansturm der Fluten wurde von Eddy Vicent, einem Mitglied der Feuerwehr No. 2, erzählt. Das Feuerwehrhaus ist innerhalb ein paar Türen von Taylor Straße, wo der erste Bruch sich ereignete. Die Wachtmannschaft schlug sofort nach dem Dammbruch auf die Feueralarmglocke.

„Als die Pferde, die im Nu angeschirrt waren, auf die Straße kamen, sahen wir eine Wasserwand vor uns, die zehn Fuß hoch gewesen sein muß. Der Treiber war gezwungen zu wenden und in der entgegengesetzten Richtung zu fliehen, um die Pferde und den Apparat zu retten."

Eine Million Rationen von der Ver. St. Regierung geschickt.

Lebensmittelvorräte, die vom Kriegssekretär beordert wurden, um nach den überschwemmten Distrikten in Ohio, Indiana und Nebraska geschickt zu werden, schlossen folgende einzelne Artikel ein:

Nach Columbus, O.: Eine Million Rationen (jede Ration schließt die Lebensmittel für eine Person für einen Tag ein), zwanzigtausend Feldbetten, viertausend Zelte, dreißigtausend Blankets, einhundert Hospitalzelte, vierhundert Oefen, fünftausend Kannen Milch für die kleinen Kinder, fünfhundert Kisten Verbandzeug, zehntausend Pocken-Impfspitzen, fünftausend Antityphus-Einheiten.

Für Omaha, Nebr.: Vierhundert Hospitalzelte, eintausend wollene Decken.

Jacob Riis aufgehalten.

Der schwerste Schaden, den ich sah, war in Elkhart, Ind., sagte Jacob Reis von New York, der in der Orchestra Hall, Chicago, am 25. Mai sprechen wollte, aber in Chicago einen Tag zu spät eintraf. Wir kamen so weit westlich wie Columbus und wurden dort aufgehalten wegen schwach gewordener Brücken. Als es klar wurde, daß sie nicht ausgebessert werden konnten, nahmen wir einen andern Weg nach Cleveland und nahmen dort die Lake Shore Bahn. Ich sah nicht viel Wasser, bis wir nach Elkhart, Ind., kamen. Dort war ein Teil des ärmeren Residenzdistrikts überschwemmt und viele Häuser waren eingestürzt. So viel ich weiß sind dabei keine Menschen umgekommen. Als ich wußte, daß ich mein Versprechen in Chicago zu sein, nicht halten konnte, versuchte ich ein Telegramm abzusenden, und die Verzögerung meiner Ankunft zu berichten, aber die Drähte waren gebrochen.

Die Telephonheldin.

Jeder Jack Binns im Wasser hat seine Schaltbrettheldin auf dem Lande, sagt das Boston (Mass.) Journal am 27. März. Sie bleibt auf ihrem Posten und schickt mutig Warnungen über die Drähte, während Feuer sie abschneidet von den Wegen, auf denen andere sich gerettet haben und sie harrt auf ihrem Posten aus und schaltet die Weiche aus bis durch steigende Fluten ihr Telephonsystem versagt, und ihre Drähte wirkungslos geworden sind. Schon mehrere Male ist in unserer Zeit die Erzählung von Elisabeth Stuart Phelps in Wirklichkeit wiederholt worden. Der letzte Fall, in dem dies geschah, daß eine Telephonistin Opfermut bewies, indem sie auf ihrem Posten ausharrte, trotz aller Gefahr, kommt aus dem Miamitale. Die Mädchen, die ihre Drähte spielen ließen, als die Wasser ihnen näher kamen und die letzten Nachrichten aus dem überschwemmten Dayton in die Welt hinaus sandten, bewiesen eine so große Tapferkeit wie der Kavallerist, der mitten in die Feinde mit 600 anderen hineinsprengt.

Fand seine ganze Familie wieder.

Mit dem schnellen Fallen der Wasser und dem Verschwinden von Angst und Sorge unter den in Dayton Flüchtigen, kamen rührende Abenteuer zu Tag. Unter den interessantesten waren die Erlebnisse der Familie von Ch. M. Adams in Riverdale. Als die Flut zuerst durch

Tobende Stürme

jenen Stadtteil rauschte, setzte Hr. Adams seine Frau und zwei 10 Monate alte Zwillingsmädchen in einen Kahn und brachte sie nach dem Hause eines Freundes in Werder Straße.

Eine Stunde nachher wurde es wieder nötig, umzuziehen und die Familie wurde aus einem Fenster des zweiten Stocks herausgebracht. Das Kanoe, in welchem sie transportiert wurden, stieß gegen einen Telegraphenpfosten und schlug um. Adams schwamm in dem eisigen Wasser ein paar Minuten und wurde dann von einigen Männern in ein Flachboot gerettet.

Gerade ehe er aus dem Wasser gezogen wurde, sah er seine Frau zum dritten Male versinken. Die kleinen Mädchen trieben die Straße hinunter. Dann wurde der Mann bewußtlos. Drei Stunden später kam er wieder zu sich und fand sich in einer Dachstube und neben ihm lag seine todt geglaubte Frau. Ein paar Minuten später kroch ein Mann in das Dachfenster von dem schwimmenden Dach einer Scheune und brachte die Zwillinge. Sie waren in den Zweigen eines Baumes hängen geblieben und wurden von dem Manne, der auf dem schwimmenden Dach sich befand, unverletzt gefunden. Frau Adams wurde von einem Schüler der Hochschule auf einem schnell gebrachten Floße gerettet. Der Jüngling war ein Mitglied der Riverdale Schultruppe, die sich eingeübt hatten, die erste und schnelle Hilfe bei Unglücksfällen zu leisten.

Eine Familie von sechs in der Morgue.

Eine Familie aus sechs Personen bestehend, lag in der Riverdale Leichenhalle am Sonntag den 30. März. Sie hatten ihre Wohnung an der Stadtgrenze verlassen, als die Flutwarnung dorthin gebracht wurde. Sie wurden von der Flut überwältigt und ertranken auf der Straße, während ihr Haus, von dem sie geflohen waren, von der Flut gar nicht berührt wurde.

Harold Ridgley, ein beliebter junger Mann von Riverdale, verlor sein eigenes Leben, nachdem er dreizehn Familien gerettet hatte. Indem er ein verlorenes Ruder suchte, schlug der gebrechliche Nachen um und sank.

In dem Van Cleve Schulgebäude in Riverdale war ein $10,000 Koch angestellt, um einfache Bohnensuppe, Kaffee und Brödchen für die Hungrigen zu bereiten und ihnen zu verabreichen. Er ist Chef des Haupthotels in Dayton und stellt die feinsten Gerichte zusammen.

Die Flut schwemmte seine Heimstätte weg und mehrere Tage lang präsidierte er mit aller Würde eines Küchenchefs über Suppe, Brödchen und Kaffee.

Sehen ein Haus in Stücke zerbrechen.

Ueberlebende erinnerten sich, daß sie kurz vor Dienstag Mittag auf den Hügeln von Dayton View, einem schönen Residenzdistrikt, standen, sahen wie ein Framehaus von seinen Grundmauern oberhalb der Dayton View Brücke gehoben wurde und im Wasser weiter trieb. Gerade bevor das Haus die Brücke erreichte, öffnete sich eine Türe und man sah einen Mann herausschauen, der seine Augen mit der Hand beschattete. Neben ihm stand eine Frau und hinter ihnen erschien eine andere Frau mit einem Kind im Arme. Die Zuschauer riefen ihm zu in das Wasser zu springen und zu versuchen, ob er gerettet würde. Ihre Rufe wurden offenbar nicht gehört. Der Mann schloß die Thür wieder. Einen Moment später stieß das Haus an die Brücke und brach in Stücke. Von den Bewohnern hat man nie wieder etwas gesehen.

Seehundsfell aus Irrtum gesandt.

Ein heiterer Vorfall trug sich zu in Verbindung mit dem Empfang von Lebensmitteln. Eine Depesche von Dr. McGrudder von Baltimore, adressiert an General Devine von der Rote Kreuzgesellschaft in Washington und durch denselben nach Dayton weitergesandt, zeigte an, daß sich unter den Lebensmitteln und Kleidern die von Baltimore, Md., gesandt worden seien, ein Seehundsrock im Werte von $1000 befunden habe, welche das Mädchen der Eigentümerin aus Mißverständnis eingepackt habe. Der Rock wurde nicht gefunden.

Farmer helfen tüchtig mit.

Unter den besten Wohltätern Daytons, als die Lebensmittel rar und wenig in Dayton geworden waren, taten sich die hunderte von Farmer in der Umgegend von Dayton am meisten hervor. Sie fuhren an die Grenzen von Dayton mit Wagenladungen voll Milch, Eiern, Kartoffeln und anderen Lebensmitteln. Diesem Umstande war es zu verdanken, daß die Sterblichkeit unter den Kindern, die ganz von Milch leben, nicht groß war.

Bringt ihre Schneeschaufel.

John Stone, 78 Victor Staße, war einer der vielen freiwilligen Lebensretter in Riverdale. Er holte eine Frau aus dem Fenster des zweiten Stocks eines Hauses in Linwood Straße, die darauf bestand ihre Schneeschaufel mitzunehmen. Ihre Schneeschaufel haltend, saß sie vorne im Boote, abwechselnd ein Lied singend und dann wieder hysterisch lachend. Bei der Wendung um eine Straßenecke, wo ein Strom aus einer Seitenstraße hereinfloß, stieß das Boot an einen elektrischen Drahtpfosten und Stone verlor ein Ruder, mit dem er sein Fahrzeug fortbewegte.

„Gott hat mirs gesagt!" rief die Frau, eine Frau Clemens. „Er hat mir das gesagt. Nun gebrauchen Sie die Schaufel!"

Stone brachte es wirklich fertig, sein Boot mit der Schaufel fortzubewegen.

Millionär steht in der Brodreihe.

Man erzählte sich, daß in der Brodreihe in Dayton sich auch Eugen J. Barney, ein Millionär, befunden habe, dessen Wohltätigkeitsgeschenke immer sehr groß waren, der auch kürzlich $25,000 der Y. M. C. A. von Dayton geschenkt hatte. Er bekam drei Laibe Brod und einen kleinen Sack Kartoffeln.

Heroische Arbeit von Telephonleuten.

Zwei Angestellte von der American Telegraph und Telephon Co., M. B. Stohl, Drahtchef in Dayton und C. D. Williamson, Drahtchef in Phoneton, hielten durch seltene Hingabe und Pflichterfüllung Dayton mit der Außenwelt in telegraphischer Verbindung.

Am Mittwoch Mittag waren sie 36 Stunden an der Arbeit gewesen, und obgleich keine Aussicht war, daß sie abgelöst werden würden, ließen sie doch nichts davon merken, daß sie ihre Posten zu verlassen wünschten.

Herr Stohl erreichte die Dayton Office gerade ehe die Flut hereinbrach am Dienstag früh. Das Wasser kam so plötzlich, daß alle elektrischen Batterien und Maschinen versagten, ehe irgend etwas geschehen konnte sie zu beschützen. Dies ließ die Drähte ohne Strom und schnitt Dayton von der äußeren Welt ab.

Stohl suchte und fand einen Drahtspannerprüfungsapparat. Mit diesem eilte er auf das Dach des Gebäudes, schnitt den Draht an auf der Linie nach Phoneton und berichtete an Williamson, dessen Batterien noch immer gebrauchsfähig waren. Ueber diese dürftige Ausrüstung wurden Botschaften mit Hilfe der Untergrunddrähte gewechselt und dieselben hielten aus so lange bis die Kabel, in welchen sie liefen, versagten. Der Bruch jedoch geschah südlich von Dayton, und Phoneton war immer noch in Verbindung mit der heimgesuchten Stadt.

Eisenbahnen verlieren fünfzig Millionen.

Das Nationalunglück — wie Präsident Wilson sich in Bezug auf die Tragödie der Flut ausdrückte, kostete den Eisenbahnen wahrscheinlich fünfzig Millionen Dollars, nach dem „Börsianer", dem finanziellen Redakteur des „Chicago Examiner". Diese Schätzung schließt den zufälligen, wie den Kapitalsverlust ein, den Schaden an verderblicher Fracht, die Ausgaben an Hilfsarbeiten, an veränderten und vergrößerten Umwegen, an aufgegebenem, verlorenem und verzögertem Transport, an Zusammenhäufungen, an Ausbesserung, an notwendig gewordenen Neubauten und Wiedererstattung.

Der schwerste Schlag entfällt auf die Baltimore und Ohiobahn durch die Cincinnati, Hamilton und Daytoneisenbahn. Die erstere kontrolliert die letztere. Sie garantiert die festgesetzten Kosten. Dayton, Hamilton, Piqua, Lima, Miamisburg — beinahe alle die überschwemmten Orte und Städte liegen an der Cincinnati, Hamilton und Dayton Eisenbahn, welche eine Meilenzahl von tausend Meilen hat, von welchen der größte Teil unter Wasser stand.

Botschaften von Regenten.

König Georg von England telegraphierte an Präsident Wilson am 1. April wie folgt:

„Ich bin sehr bekümmert über die Nachrichten von den verheerenden Fluten und den großen Verlust von Menschenleben, den dieselben verursacht haben. Ich wünsche Ihrer Exzellenz meine tiefste Sympathie mit Ihnen selbst und dem Volk der Ver. Staaten in Ihrem Unglück auszusprechen."

Präsident Wilson erwiederte:

„Erlauben Sie mir, im Namen des Volkes und der Regierung der Ver. Staaten, meine tiefe Wertschätzung der gütigen Condolenzbotschaft Ihrer Majestät auszusprechen."

Kabel vom König von Italien.

König Viktor Emmanuel von Italien kabelte:

„Die gehörten Nachrichten von den Fluten, die blühende Landesteile verwüstet und so viele Menschenopfer gefordert haben, bewegen mich, Ihnen zu versichern, daß ich mit aufrichtiger und tiefer Sympathie an Ihrer und Ihres Volkes Trauer teilnehme."

Präsident Wilson antwortete:

„Ihrer Majestät nahegehenden Worte der Sympathie bei dem schrecklichen Verlust von Menschenleben und Eigentum, welches viele amerikanische Heimstätten getroffen hat, sind ein wirklicher Trost für die Regierung und das Volk der Ver. Staaten."

Auch andere regierende Landeshäupter kabelten ihm Sympathie mit den durch die Fluten Geschädigten.

Kapitel X.
Die Flut in Columbus.

Denken Sie sich, Sie stünden auf dem Dache eines vollkommen sicheren Wolkengebäudes, und sähen herab auf neunzig Quadratmeilen Wasser, aus denen tausende von Heimstätten — 15,000 oder 20,000 wenigstens, hervorragen; wie reißende Wasser dieselben forttragen, eins nach dem andern oder manchmal buchstäblich schwarmweise und Sie werden einen Begriff haben von dem, was wir am Dienstag und Mittwoch, den 25. und 26. März, in Columbus sahen, sagte Glenn Marston, ein Korrespondent des Chicago Journal, der in Columbus, Ohio, zur Zeit der höchsten Flut war. Brücken krachten unter unseren Füßen, eine andere jede Stunde.

Mit unseren Ferngläsern konnten wir Tausende von Leuten auf den Dächern und in Fenstern sehen, so tatsächlich von der Welt abgeschnitten, als ob sie auf dem Monde wären. Sie waren absolut hilflos. So waren wir. Kein Boot konnte in diesem reißenden Wasser bleiben, welches Häuser, Brücken, Eisenbahngeleise, Telegraphpfosten — alles in seinem Alles überwältigenden Strom mitnahm.

Es hatten 50,000 Menschen in diesem Gebiete am vorhergehenden Tag gewohnt. Die Flüchtigen, die nach der Stadthalle berichteten, zählten 1,500. Ungefähr 5,000 waren nach einer Schätzung auf einem Hügel auf dem Westrande der Stadt. Der Rest hielt sich fest an Hausdächern, Bäumen und Pfosten in dem isolierten Bezirk.

Um die Schrecken vom Dienstag zu vermehren, brach

Feuer in einem halben Dutzend Plätzen aus. Nichts als die nassen Dächer rettete den Distrikt. Einige der brennenden Häuser standen im Wasser bis zum zweiten Stock und so konnten die Flammen, während sie zerstörend genug wüteten, sich doch nicht weit ausbreiten. Das Feuerdepartement war hilflos. Da waren Billionen Gallonen Wasser und nicht ein Tropfen davon konnte gebraucht werden. An viele Feuer konnte man nicht herankommen, so daß man ihre genaue Lage hätte bestimmen können.

Unterdessen flohen Leute nach der Stadthalle, diejenigen, die glücklich genug waren, wegzukommen. Ich führte eine arme Seele, in ein Calicokleid gehüllt, mit einem 5 Jahre alten Knaben, den sie mit einer Hand hielt und einem Kind auf dem anderen Arm. Sie wußte nichts von ihrem Mann und Niemand konnte ihr helfen.

Angesichts der erschwerenden Umstände war die Rettungs- und Hilfsarbeit erstaunlich. Jeder Flüchtige mußte sich auf der Stadthalle melden. Hier wurde der Name auf eine blaue Karte eingetragen, welche auch die Wohnadresse enthielt, die Adresse nach welcher der Flüchtling gesandt wurde und der Betrag der Kleider und Anzahl der Mahlzeitkarten, die ihm verabreicht wurden. Die Aufsuchung der Vermißten wurde durch dieses System sehr erleichtert und vereinfacht.

Doch Tausende waren noch von Wasser isoliert auf der Westseite. Die Brücken waren alle fort außer einer. Das Gefängnis war sechs bis zehn Fuß unter Wasser. Neue Feuer brachen aus, nicht gefährlich, wie es sich zeigte, aber genug um die überarbeiteten Nerven vollständig über den Haufen zu werfen.

Sieht den ganzen Damm wegwaschen.

Als ich in meinem hohen Gebäude am Fenster stand, sah ich den Damm, der die ganze Westseite schützte, plötzlich in den Fluß hineinschmelzen. Ich sah wie ein dutzend Männer, Linienarbeiter von den Telegraphenkompanien, augenscheinlich sich bemühten, die Telegraphenpfosten aufrecht zu erhalten. Es war umsonst. Als ich zusah, fingen die Pfosten an zu fallen.

Einer traf eine Gruppe Linienarbeiter, und die Drähte warfen sie nach allen Richtungen. Einer fiel in das Wasser. Man sah ihn nicht mehr.

Das große Pennsylvania viergeleisige Wegerecht, welches zu den besten Eisenbahnbetten der Ver. Staaten gehörte, schmolz hinweg wie Salz. Die Geleise auf der Westseite von Columbus sehen aus wie eine Handvoll verwirrter Fäden, die in eine Pfütze geworfen ist.

Darauf kam die Panik. Mittwoch Nachmittag entstand irgendwo das Gerücht, daß der fünfzig Fuß hohe Damm fünf Meilen hinauf am Scioto gewichen sei. Wenn es sich so verhielt, so mußten 25 Billionen Kubikfuß Wasser kommen. Ein halb verrückter Neger stürzte in das Chittenden Hotel und schrie: „Der Damm ist gebrochen. Jeder rette sich auf hohen Grund."

Die Leute rasten. In drei Sekunden war die Rotunde leer. Drei Minuten nach dem ersten Alarm waren 6000 Leute im Staatshause, von denen die meisten nach dem Dome zu kommen suchten, dem höchsten aller Plätze.

Aber der Damm hielt noch. Aber es nahm Stunden, ehe die Dinge wieder in ihrem normalem abnormalem Zustande waren, worin man die Geflohenen versorgte und die Gefangenen befreite. Die Panik hatte sogar die Bootleute erreicht, die gerade wieder angefangen hatten die unter Wasser gesetzten Häuser zu besuchen.

Die Stadt hatte keine Eisenbahnzüge, keinen Telegraph, keinen Telephon, keine Lampen und Licht, keine Straßencars und kein Wasser. Die städtischen Lichtwerke werden die Stadt wochenlang ohne Licht lassen. Die erste, die sich vom Unglück erholte, war die „Railway und Light Company". Sie hatte wieder ihre Lampen im Gange in 15 Minuten, obgleich alle die das Licht gebrauchten, ersucht wurden, mit dem Gebrauch sparsam umzugehen. Zwanzig Straßencars dieser Company liefen zwei Stunden später.

Wer Mineralwasser kaufen konnte, konnte dasselbe ohne Schaden trinken. Die es nicht konnten, mußten weiter dürsten oder Gefahr laufen, sich mit Krankheitskeimen zu vergiften. Drei oder vier Elevators waren im Gange, keiner in den Hotels.

Wie Menschen umkamen.

Die Hälfte der Häuser auf der Westseite sind umgefallen oder sind völlig weggeschwemmt worden. Beinahe alle von diesen enthielten Leute, die nach andern Häusern zu schwimmen versuchten.

Es muß sein, daß Viele nicht schwimmen konnten, und daß Viele, die schwimmen konnten, vom Strom erfaßt untergingen. Man konnte von der Gewalt dieser schrecklichen Flut nur eine Idee bekommen, als man sah, daß große Brücken, die hunderttausende von Pfunden wogen, nicht sofort untersanken, sondern noch hunderte von Fuß im Strom fortschwammen, ehe sie untergingen. Denken Sie sich, Sie wollten in solcher reißenden Strömung schwimmen oder in einem Parkkahn rudern.

Es war Donnerstag, als die Boote anfingen Leichen zu bergen. Boote, welche dieselben Leute letzten Sommer auf Vergnügungsfahrten getragen, waren jetzt in Begräbnisboote verwandelt. Ein Kopf der auf weichen Polstern und Kissen geruht und in ein geliebtes Gesicht geschaut hatte, lag jetzt starr und kalt und todt auf hartem

Pfühl, um nach dem Leichenbestatter befördert zu werden. Ein gräßliches Werk für Picnicboote.

Verzweifelte Anstrengungen das Feuer zu bekämpfen.

Man versuchte das Feuer zu bekämpfen. Die Feuerwehr kreuzte die Broadstraßebrücke und brachte ihre Schläuche mit; dann mußten sie ihren Weg vorsichtig den 18 Zoll breiten Damm entlang suchen, der an diesem Punkte nicht weggeschwemmt war; dadurch daß sie zwei Schlauchlängen miteinander verbanden, konnten sie das Feuer erreichen.

Jeder, der jene Brücke kreuzte, nahm sein Leben in seine Hand. Jeder, der auf jenen Wall trat, wußte, daß sein Körpergewicht genug sein konnte, daß derselbe unter seinen Füßen wegschwemmen und ihn mit seinen Gefährten in die Ewigkeit schicken konnte.

Zehn Fuß vom Ende der Brücke war eine Gruppe von fünfstöckigen Gebäuden vor einer halben Stunde in den reißenden Fluß gestürzt. Nach einstündiger mühevoller Arbeit war der Schlauch gestreckt und ein Strom Wasser kam aus dem Schlauch. Er hielt ein paar Sekunden an und das Wasser war zu Ende. Das war der Moment, als das Wasser das letzte Feuer im Maschinenraum der Wasserwerke ausgelöscht hatte.

Selbstverständlich waren die Eisenbahnen in schrecklicher Verfassung. An der Unionstation waren Dutzende von Durchzügen, die nicht vorwärts und nicht rückwärts fahren konnten. Die Passagiere waren alle des Lobes voll für die Companien wegen der vorzüglichen Behandlung, die sie seitens derselben erfahren hatten. Jeder Passagier wurde gespeist und alle Betten in jeder Pullman-Car waren jede Nacht zur Benutzung der Passagiere bereit. Für diejenigen, die in den Cars nicht schlafen konnten, besorgten die Eisenbahnen andere Quartiere, ohne Vergütung zu beanspruchen.

Der Zug, den ich nahm, war der erste, der nach Chicago fuhr. Wir kamen 71½ Stunden zu spät an. Um diesen Zug zu erreichen, wurden wir von der Stadt nach der Prairie weit außerhalb der Stadt transferiert. Es war eine Fahrt von mehreren Meilen. Da draußen auf freier Prairie lag ein Zug. Die Lokomotive hatte für einige Zeit zurückzulaufen und unterdessen mußten die Passagiere sich einhüllen in Ueberzieher und in Bewegung bleiben, um sich warm zu halten, denn wir hatten keinen Dampf und der Thermometer war nahe dem Gefrierpunkt.

Die letzte Brücke geht fort.

Wir hatten, um zu diesem Zug zu kommen, der auf der Westseite des Flusses stand, eine Brücke an Fünfter Avenue zu kreuzen, die einzige Brücke, die übrig geblieben war, auf welcher man den größten Teil der Westseite erreichen konnte. Als wir dort abfuhren, fuhr ein beständiger Strom Wagen darüber, der Nahrungsmittel und Kleider für die Hilfsbedürftigen brachte. Aber als ich Toledo erreichte, las ich, daß diese Brücke, das letzte Verbindungsglied zwischen den Leidenden und dem sicheren Teile der Stadt, weggeschwemmt war. Wir waren glücklich, daß wir fortkamen, und noch glücklicher, weil die Brücke nicht mit uns weggeschwemmt war.

Den ganzen Morgen waren Hilfswagen und Automobile über die Brücke in höchster Eile gefahren. Die Brücke zeigte sich damals schwach und Soldaten standen an jedem Ende Posten. Sie erlaubten Fahrzeugen nur im Schritt zu fahren und ließen nur zwei zur Zeit auf die Brücke. Wie es scheint, war selbst diese leichte Last genug, um die Brückenpfeiler so zu schwächen, daß sie nicht mehr Kraft hatten zu stehen und Lasten zu tragen und deshalb müde mit ihren Kameraden vor ihnen in das Flußbett sanken.

Der Distrikt, der am meisten beschädigt wurde, wird das „alte Flußbett" genannt, weil man glaubt, daß der Fluß früher über eine Meile westlich sein Bett gehabt habe, wo jetzt der Kanal ist. Dieser Teil war mit dreißig bis vierzig Fuß Wasser an manchen Plätzen bedeckt. Zweistöckige Häuser schwammen darauf hinunter, als wenn es Schiffe wären.

West Broadstraße, die Hauptstraße, die östlich und westlich läuft, war ein Bild herzergreifender Verwüstung. Weit draußen stand eine halb unter Wasser gesetzte Straßencar, welche von ihrer Bemannung verlassen war, als der Damm brach. An mehreren Plätzen war die Straße voll treibender Häuser und Trümmern. Niemand ist im Stande den Schaden zu schätzen. Zu sagen „Millionen" gibt keine Idee von den Verwüstungen, die das Wasser angerichtet hatte. Ein großer Teil des blühenden Großhandels-Distrikts lag auf der Westseite. Von jeder Industrie kann man sicher sagen, daß der Verlust sich auf Millionen belaufe. Gewiß werden die Verluste der Eisenbahnen so hoch sein, wie auch die der Licht und Straßencar-Compagnien. Die Eis- und Kaltspeicher-Company verlor ihre Fabrikanlagen und über $100,000 wert an Nahrungsmitteln. Hunderte von Häusern, die von $1000 aufwärts wert waren, sind fort — vollständig. Andere Hunderte stehen noch und sind wertlos geworden. Andere können repariert werden.

Ich habe schon Fluten, Feuer, Schneelawinen vorher gesehen, aber nichts was sich mit diesem vergleichen ließ. Es gibt nichts in unserer Einbildung, was man mit diesem Unglück vergleichen könnte. Man muß es selbst erleben. Dort war ein Hotel voller Leute, ohne irgendeine Bequemlichkeit — zurück in den Anfang der Hotels versetzt, — und doch beklagte sich Niemand im Geringsten darüber, der Anblick und der Lärm dessen was jenseits des Flusses sich ereignete, ließ unsere Unbequemlichkeiten so zwergenhaft kleinlich erscheinen, daß wir sie vergaßen — Jeder schätzte sich glücklich noch am Leben zu sein. Wir hatten ein Dach und gute Speisen, wenn auch schon fünf Fuß Wasser im Keller standen.

Ein heller Fleck auf dem düsteren Bilde von Columbus war die Tätigkeit der „Chicago Association of Commerce". Selbst ehe der Stadtrat in Columbus zusammengekommen war, um Geld zu bewilligen, ehe die Legislatur einen Penny bewilligt hatte, kam dies großmütige Anerbieten der „Association of Commerce" mit ihrem $100,000 Fond zur Unterstützung der Notleidenden.

Kapitel XI.

Die Flut in Piqua.

Die steigenden Gewässer in Piqua, O., am Miami nördlich von Dayton gelegen, sollten zuerst, wie man glaubte, viele Opfer gefordert haben; denn die ersten Berichte sprechen von einer Todtenliste von 200. Aber Dutzende von sensationellen Rettungen aus höchster Todesgefahr brachten die Zahl der Todten herunter auf ungefähr zwanzig. Viele Häuser waren zerstört und mehrere Tage litten die Obdachlosen unsäglich.

Hilfsmaßregeln wurden prompt von den Stadtbeamten ergriffen. Der Verlust an Eigentum war groß, da die meisten Fabriken zerstört waren. Eine Kompagnie der Nationalgarde half die Ordnung in Piqua aufrecht erhalten und bei der Verpflegung der Hilfsbedürftigen.

Zweihundertundfünfzig Häuser fand man zerstört und wenigstens 2,500 Personen obdachlos. Der Residenzdistrikt, bekannt als Ost-Piqua, war verwüstet. Viele die dort wohnten, hatten sich auf die Höhe des Dammes verlassen, den man für unzerbrechlich hielt und blieben in ihren Häusern, bis es zu spät war zu fliehen.

Das einzige Mittel sich mit der Außenwelt in Verbindung zu setzen, wenigstens eine Zeitlang, war durch Bradford, wohin eine leichte Lokomotive, die von einem Pennsylvania Hilfszug geborgt war, am Freitag den 28. März stündliche Fahrten machte.

Hunderte von Bürgern, die zur Y. M. C. A. und Geschäftsmännergesellschaft gehörten, wurden als Spezialdeputies eingeschworen und halfen bei der Sorge für die

Notleidenden. Das Y. M. C. A. Gebäude, das Stadthospital und andere Gebäude beherbergten Viele der Geflohenen.

Shawnee gegenüber von Piqua war fast ganz weggeschwemmt. Mehr als zwanzig Häuser wurden dort zerstört.

W. W. Wood, dem die Verwaltung des Hilfswerks seitens der Citizens League übertragen war, erklärt in einem summarischen Bericht, daß nach sorgfältiger Nachforschung der überschwemmten Sektion 1200 bis 1500 Personen aus gefährlichen Plätzen herausgenommen und nach sicheren Plätzen gebracht worden seien und daß zwanzig Umgekommene alle seien, die gefunden werden konnten.

Retter setzen sich Gefahren aus.

Viele Rettungen wurden unter haarsträubenden Gefahren gemacht, Männer, Frauen und Kinder wurden von hin und herschaukelnden Dächern, gebrechlichen oder der Zertrümmerung nahen Häusern, Baumspitzen und schwimmenden Trümmern genommen.

Die Wasserwerke und Lichtanlagen waren am 29. März zu öffentlichem Dienst wieder hergestellt und drei Carladungen mit Provisionen waren für die notleidenden Einwohner aus Union City und Winchester angekommen. Mehr Provisionen waren jedoch nötig, bevor die Zustände wieder solche waren, daß Piqua für sich selbst sorgen konnte.

Jedoch war die Stadt und Bürgerschaft froh, daß ihre Befürchtung, daß die Todtenliste in die Hunderte steigen würde, unbegründet war; der Verlust an Eigentum war jedoch ein enormer für die Gemeinschaft. Zweihundert Häuser in Roßville, Shawnee und der Teil von Piqua, der nahe beim Kanal lag, waren vernichtet.

Tobende Stürme

Unter dem Kriegsgesetz.

„Die Stadt ist unter dem Kriegsgesetz," sagte Mr. Wood am Samstag, der auf die Flut folgte, Patroldienst wird versehen von den Kampagnien A und C des dritten Ohio Regiments. Hilfe für die Leidenden wird systematisch und rasch betrieben. Außer dem Lokalschaden ist auch die Pennsylvania=Brücke über den Miami zerstört und keine Post hat die Stadt erreicht seit dem Tage vor der Flut.

Die Stadt Piqua.

Piqua, Ohio, eine Stadt von Miami Co. am Miamifluß und dem Miami= und Eriekanal in einer reichen Ackerbaugegend, liegt 27 Meilen nördlich von Dayton und 72 Meilen westlich von Columbus. Es wird bedient von einer elektrischen Transportlinie von Toledo nach Cincinnati und von der Pennsylvania und der Cincinnati, Hamilton und Dayton Eisenbahn. Es hat gute Wasserkraft vom Miami und Erie Kanal. Seine Industrien schließen große Strohbretter=, Strumpf= und Wollmühlen, Möbel, Kutschen und Wagen, Oefen und Holzwarenfabriken ein. Die Fabrik der American Schulpult Co. befindet sich hier und auch Eisenwerke für gewelltes Eisen. Piqua hat feine Schulen, Kirchen, Banken und eine öffentliche Bibliothek von 15,000 Bänden. Bevölkerung 13,388.

Kapitel XII.

Die Flut zu Tiffin.

Beschreibende Erzählung eines Augenzeugen von der Flut in ihrer höchsten Höhe. — Einzelne Vorgänge bei der Ueberschwemmung, die mächtige Brücken wegschwemmte.

Tiffin, Ohio, war am Mittwoch Abend den 26. März eine Stadt voll Sorge und Trauer, gelähmt und gramgebeugt, mit einem Verlust von zwanzig oder mehr Menschenleben und einem Eigentumsverlust von nahe $1,000,000. Die elektrischen Licht-, Wasser- und Gaswerke versagten und ähnliche Leiden und Unglück wie das in Dayton herrschte auch überall in Tiffin.

Mayor Kappell telegraphierte Gouverneur Cox um eine Kompagnie Militär, um das Polizeikorps und die städtische Feuerwehr dort zu unterstützen und abzulösen, da sie durch Rettungsarbeiten von sechzigstündiger Dauer völlig erschöpft seien.

Schleichdiebstähle in den überschwemmten Distrikten hätten auch wieder zugenommen und die städtischen Beamten fühlten sich der Aufgabe nicht gewachsen.

Das Ursulinerinnen Convent und St. Francis Waisenasyl wurden für Fliehende und Obdachlose geöffnet.

Das zweistöckige Backsteingebäude von Austin J. Houck brach gestern, am Donnerstag Nachmittag, zusammen und wurde weggewaschen.

Alle Banken in Tiffin erklärten dem County-Kommissär, daß sie bereit wären, mit Geld Allen auszuhelfen, die ihr Hab und Gut in der Flut verloren hätten und diese Erklärung machte vielen Obdachlosen das Herz leichter.

Wie sie zusammen ihrem Schicksal entgegen gingen.

Unter den identifizierten Todten befanden sich Herr und Frau W. D. Axline; Jakob und Clarence Knecht und ein Kind, Herr und Frau G. Klingshirn und sieben Kinder.

Einige davon starben auf folgende Weise:

Als die Axline Residenz von der Flut abgerissen und aufgehoben wurde und anfing den Fluß hinunterzuschwimmen, sahen Leute Axline und seine Frau am Fenster des zweiten Stockes stehen. Ihr Kopf ruhte auf seiner Schulter. Die Schreie seiner Frau konnte man durch das Rauschen der Wasser hindurch hören.

Mann und Frau starben zusammen.

Axline klopfte seiner Frau auf die Schulter und küßte sie. Einen Augenblick später krachte das Haus in die Baltimore und Ohio Brücke. Es wurde zersplittert wie ein Bündel Stecken. Mit den Armen gegenseitig umschlungen verschwanden Mann und Frau unter den tobenden Wellen.

Als die Heimstätte von Jacob Knecht weggeschwemmt wurde, war Frau Knecht und ihre fünf Kinder in dem Hause. Knecht war draußen. Als er vom Strom erfaßt wurde, hielt er sich an einem Baumaste fest. Er hielt fünfzehn Minuten aus. Retter versuchten ihm ein Seil zuzuwerfen. Jedes Mal hielt das Seil innerhalb weniger Zoll seiner ausgestreckten Hand. Endlich, erschöpft und steif von der Kälte, gab Knecht den Kampf gegen den Tod auf. „Danke, good bye, Jungens, ich bin —", sein letztes Wort wurde von den Wellen verschlungen.

Ein schrecklicher Schneesturm blies zur Zeit über die heimgesuchte Stadt am Donnerstag und noch waren eine

Anzahl Familien in überschwemmten Häusern vom Wasser isoliert.

Rettet Viele vom Tod.

Daß die Todtenliste um mehrere Opfer am Mittwoch nicht noch größer war, war den kühnen Anstrengungen der Toledo Lebensrettungsmannschaft mit ihren drei Booten zu verdanken und der Sandusky Mannschaft mit ihren neun Booten. Diese Männer retteten Viele vom Tode, trotzten der Gefahr in wirbelnden Wassern und schauten dem Tode oft ins Auge, als sie ganze Familien retteten.

Bis Montag Morgen war „Sailor Jack" Willis ein unscheinbarer, wenig bekannter Charakter. Am Mittwoch war er der Held der Stadt. Er übernahm die Rettungsarbeit. Die Lebensrettungskörbe und Kabel wurden gemacht und gehandhabt unter seiner Aufsicht und Befehlen. Indem er Kabel an ein überschwemmtes Haus band, wurde einer nach dem andern nach sicheren Plätzen gebracht.

„Sailor Jack" rettete persönlich zehn Menschen das Leben. Und nach sechzig Stunden, in denen er ununterbrochen an der Rettung von Menschenleben tätig war, brach er erschöpft zusammen. Eine Bewegung ist im Gange, ihm die Carnegie Medaille zu verschaffen.

Vier Frauen, von welchen zwei, Frau A. W. Knott und und Tochter waren, wurde von dem Dach einer Scheune an Water Straße von Telephonmannschaften gerettet, welche sich oben an den Telephonpfosten festhielten und den Frauen Seile zuwarfen. Die vier wurden in Sicherheit gebracht, eine nach der andern.

Regina Moltrie, Schullehrerin, kletterte einen Telephonpfosten hinauf, als die Flut ihr Heim traf. Auf ihren Händen und Knieen kroch sie über schwere Kabel nach Telephonarbeitern hin fünfzig Fuß über den reißenden Gewässern.

Fünf werden in einem Korbe gerettet.

Countyschatzmeister W. O. Heckert, seine Frau und drei Kinder wurden in einem ungeheuren Korb aus ihrem Hause gebracht, welcher an einem Kabel hing. Ein Lebensrettungsseil wurde anderthalb Block geschwungen um County-Landvermesser Karl Peters, seine Frau und Kind zu retten. Die Familie wurde von Gebäude zu Gebäude befördert. Sechszehn Familien, isolirt in dem Bonette Hotel, wurden in Körben herausgebracht; ebenso zehn Mädchen, Arbeiterinnen einer Handschuhfabrik.

Die Leichen von vier Kindern, drei Knaben und einem Mädchen wurden in der Nähe der Tiffin Wagenfabrik gefunden. Man glaubt, daß sie von Upper Sandusky heruntergeschwemmt wurden.

Frau Josephine Wagner, 84 Jahre alt, lachte über die Warnungen vor der Flut. Sie wollte nicht fort. Eine Stunde später trugen sie Feuerwehrleute auf einer Leiter vom zweiten Stock ihrer Wohnung herunter.

Kapitel XIII.

Indianapolis überflutet.

Die ersten Schrecken, die Indianapolis erfüllten mit dem Bersten seiner Dämme und Deiche, die den White River und den Großen und Kleinen Eaglebach in Schranken hielten, hatten sich am Donnerstag, den 28. März, gelegt durch die Berichte, daß die Flut abnehme.

Die eigentliche Stadt, entsetzt durch die leidvollen Berichte, die von der anderen Seite des Flusses kamen, war nicht im Stande, die Ausdehnung des Elends und Leidens, die durch die Flut in West Indianapolis und Moorefield entstanden waren, völlig zu begreifen, hier hatten viele Arbeitsleute der Stadt ihr Quartier.

Siebentausend Familien verloren ihre Heimstätten innerhalb einer Zone von fünfzehn Meilen. Arm, zitternd vor Kälte die eingesetzt hatte, waren diese geflohenen Menschen in mangelhaften Plätzen untergebracht und zusammengedrängt. Der Mundvorrat wurde alle und bittere Not herrschte.

In der eigentlichen Stadt hatte man Furcht vor Feuerausbruch. Die Wasserwerke versagten und so nahm die ganze Stadt Anteil an den Elend der Obdachlosen.

Am 28. März trafen Lebensmittel und Kleider für viele Leidende ein, und die drohende Hungesnot war abgewendet. Viele hatten indessen Hilfe nötig und die Hilfsarbeit wurde so rasch als möglich betrieben. Der Glaube, daß die Katastrophe viele Opfer gefordert habe, hielt sich mehrere Tage aufrecht, obgleich keine Schätzung aus irgendeiner Quelle gemacht werden konnte, aber später fand man, daß die ersten Verlustberichte auf Furcht und Aufregung gegründet und übertrieben waren und daß die Todtenliste nicht groß wäre.

Der White Fluß und mehrere Bäche, die den Geschäfts= distrikt von Indianapolis umgeben, gewöhnlich im Sommer kleine und oft trockene Bäche, schwollen frühe in der Woche zu reißenden Strömen an, die Alles in ihrem Wege mit sich fortrissen. Als der Straßenbahndienst am Diens= tag Mittag versagte und die Straßenbahnwagen, wo sie waren, still standen, so waren Tausende im Geschäftsvier= tel in einer Falle. Einige Brücken wurden schwach und mußten abgesperrt werden und die Wasser, die über die anderen flossen, bedrohten Fußgänger und Fuhrwerke. Hotels in der Stadt waren überfüllt. An zehn Personen schliefen in einem Zimmer, die J. W. C. A. wurde den Arbeits= und Schulmädchen geöffnet, die ihr Heim nicht erreichen konnten.

Die Erfahrungen und Erlebnisse in West Indianapolis waren ähnlich wie andere in überschwemmten Stadtteilen und viele Geschichten von knappen und gefährlichen Ret= tungen aus Todesgefahr wurden berichtet. Nach der Flut ging die Stadt sofort tapfer an das Werk des Wie= deraufbaus, in welchem Komiteen von Geschäftsleuten großmütige Hilfe leisteten.

Kapitel XIV.

Die Flut in Peru.

Um 7 Uhr Montag Abend, den 24. März verlöschten alle Lichter in der Stadt Peru, Ind., sagt ein Augenzeuge der Flut in Peru. Bald darauf standen auch die Wasserwerke still. Wir gingen bei Talg- oder Wachslichtern zu Bett und fanden, daß auch die Heizkraftanlagen versagten. Die Feuer waren durch das Wasser verlöscht.

Am Dienstag Morgen kamen die Fluten herunter und Peru teilte das Schicksal ihrer vielen Schwesterstädte in Indiana und Ohio. Dann folgten 48 Stunden großen Elends für die meisten Einwohner. Die Szene wurde von einem Augenzeugen so geschildert:

„Mit Bäumen, Häusern, aufgetriebenen Pferde- und Hundekadavern, schwammen auch Leichen von Menschen im Wasser umher; nichts war zu trinken außer der schmutzigen gelben ekelhaften Brühe des Flutwassers, das voller Stöcke, Stroh, Sand, Hühnerfedern war; kein Licht außer Talg- und Wachslichtern; keine Wärme; der Lebensmittelvorrat geht außer Nahrungsmitteln in Kannen zu Ende, so war Peru eine Szene des Schreckens. Die Stadt liegt in einer Ebene am Wabashfluß mit dem Courthaus im höchstgelegenen Mittelpunkte der Stadt. Dort hatten die, welche aus ihren überfluteten Wohnungen flüchten mußten, Zuflucht gesucht und gefunden. Dort aßen und schliefen sie zusammen. Man konnte gerade noch die Häuserspitzen in Süd-Peru über der anderen Seite des

Flusses sehen. Der angeschwollene Fluß war von einer halben Meile bis drei, vier Meilen breit und die Stromschnelle betrug etwa 25 Meilen die Stunde."

Ein blendender Schneesturm, der über den ganzen nördlichen Teil des Staates fegte, vermehrte die Schrecken der Flut. Zweitausend Menschen im Courthaus, durch den Schmutz und verdorbene Luft in dem Gebäude krank gemacht, wollten in den Straßen bleiben. Und die in den Straßen waren, suchten Obdach und Schutz im Gebäude gegen den Schneesturm und die Kälte.

Die ganze Nacht konnte man auf der Treppe des Courthauses stehend das Wehklagen und Stöhnen der Leute in den Straßen hören, die der Kälte und dem Schneesturm ausgesetzt waren und das der Tausende von Menschen, die im Gebäude auf hartem Lager und in stickiger Luft die Nacht zubrachten, und die es nicht viel besser hatten, als die Leute, die die Nacht auf den Straßen zubringen mußten.

Erst am Donnerstage kam eine Hilfspartie von South Bend, an deren Spitze Leutnant-Gouverneur Wm. T. O'Neill stand, nach Peru. Die Organisation von Rettungskorps wurde begonnen und die Leute wurden nach sicheren Plätzen gebracht.

Kapitel XV.
Andere überflutete Städte.
Einzelheiten der Flut in vielen Plätzen in Ohio, Indiana und anderswo.

Von den tausenden von Todesfällen in Katastrophen innerhalb des letzten halben Jahrhunderts waren wahrscheinlich die meisten Fluten und Ueberschwemmungen zuzuschreiben. Hochwasser mit Zerstörung von Eigentum sind von Jahr zu Jahr allgemein gewesen. Oft war es möglich die Bewohner von niedrigen Gegenden anstoßender Flüsse vor dem Ausbruch der Fluten zu warnen. Die meisten Ueberschwemmungen wurden verursacht durch Brüche von Dämmen oder Deichen, welche die Städte und Täler überfluteten. Dies war besonders der Fall bei den vielen Fluten vom März 1913.

In Ohio empfing Gouverneur Cox den ersten Hilferuf von Larue, Marion Co., frühe am Dienstag Morgen den 25. März. Andere Hilfsgesuche folgten schnell aufeinander von Columbus, Delaware, Prospect und Dayton; die letztere Stadt berichtete durch das Rote Kreuz in Washington.

In Indiana empfing Gouverneur Ralston Berichte von Hochfluten und verursachten Schaden am 25. und 26. März von vielen Plätzen, darunter Peru, West-Indianapolis, Terre Haute, Fort Wayne, Logansport, Brookville, Washington, Frankfort, Muncie, Lafayette, Newcastle, Rushville und Shelburn. Viele Obdachlose begehrten Hilfe und prompte Maßregeln wurden ergriffen für ihren Beistand. Gouverneur Ralston beaufsichtigte persönlich das Staatshilfswerk.

Flutschaden war auch durchaus nicht beschränkt auf die Staaten Ohio und Indiana. Auch viele Städte in Illinois litten durch hohen Wasserstand. Mehrere Tage lang war Cairo, Ill., mit der schlimmsten Flut in seiner Geschichte bedroht und von Chicago waren Truppen von Gouverneur Dunne beordert in dem Kampfe gegen die Wassergefahr. Von Städten die weit auseinanderliegen, wie Albany, New York und Grand Forks, Nord-Dakota kamen Berichte von Hochwasser. Die allgemeine Beschreibung der Flutzustände in diesen Städten und Städtchen folgt:

Akron, Ohio.

Mayor Frank W. Rockwell von Akron, O., berichtete wie folgt:

„Die Zustände sind bei uns schlimm wegen der Flut, doch glücklicherweise nicht so schlimm bei uns wie in Dayton, Columbus und anderen Städten. Der kleine Cuyahegafluß trat über und schnitt neue Kanäle durchs Land und zerstörten ungefähr 25 Gebäude und Saloons, alle Stadtbrücken und brachte der Baltimore und Ohio Eisenbahn ungeheuren Schaden; die County Fair Grounds wurden verwüstet.

Der Ohiokanal trat auch über seine Ufer und verursachte schweren Schaden im Geschäftsdistrikt.

Mehrere Todesfälle sind berichtet worden, aber ich weiß nur von zwei.

Akron kann für den öffentlichen Verlust aufkommen, aber Beiträge zur Unterstützung der Leute, die durch die Flut gelitten haben und sich nicht selber helfen können, wären erwünscht."

Delaware, Ohio.

Mit 20 Todten — hinweggeschwemmt durch den überfluteten Olentangy Fluß, und zwischen 300 bis 400 Familien obdachlos, war diese Stadt von 10,000 Einwohnern von der übrigen Welt durch Wasser abgeschlossen mit der Ausnahme von einem verkrüppelten telegraphischen Dienst.

Die Hochflut machte Rettungen und Hilfsarbeit sehr schwierig. Von Mayor B. W. Leas erzählte man, er sei todt; er hatte sich aber durch Erfassen des Daches eines Holzhoffschuppens gerettet. Lebensretter aus Toledo taten ausgezeichnete Arbeit durch Rettungen von im Wasser isolierten Familien.

Celina, Ohio.

Lebensverlust und ein Schaden von $8,000,000 an Eigentum wurde berichtet von Celina, Ohio, als die Flut am 29. März sich wieder verlaufen hatte. Viele Wohnhäuser waren zerstört und das überflutete Gebiet bot viele rührende Rettungsszenen. Eine Anzahl Personen wurden am 29. März als vermißt gemeldet. Die Nationalgarde von Ohio hielt die Ordnung aufrecht und half bei der Rettungsarbeit.

Fremont, Ohio.

Der geschätzte Verlust an Eigentum in Fremont, Ohio, betrug $2,000,000, denn die Flut hatte in dem Geschäftsdistrikt großen Schaden getan. Die bekannt gewordene Anzahl Ertrunkener war zwei: Isaac Flora, Kapitän, der den Oberbefehl der Port Clinton Fischer hatte, ertrank bei der Rettung unter Wasser gesetzter Leute, und Hy. Homan, von seinem Hause weggeschwemmt.

Zwei Kompagnien von Ohio Staatstruppen halfen bei der Rettung und Hilfsarbeit. Eine Erklärung in der Presse Fremonts ist bezeichnend für den Geist der überfluteten Städte. Es heißt da:

„Fremont macht heroische Anstrengungen sich aus dem furchtbarsten Unglück, das die Stadt je erlebt, zu erheben, ein Unglück, das überall Ruinen, Zerstörung, Verwüstung, Leiden und Trauer hinter sich gelassen hat.

Hamilton, Ohio.

Trauer überall. Dies war die Beschreibung, die den Zuständen in Lindenwald einem Vorort von Hamilton, O., gegeben wurde, wo fünfzig Personen ihren Tod im Wasser gefunden haben sollen. Ueberall konnte man am 25. März Leute, Männer, Frauen und Kinder, auf den Dächern ihrer Häuser sitzen und beten sehen, daß man sie doch retten möchte. In vielen Teilen der Stadt waren Einwohner gezwungen, Löcher in die Dächer ihrer Häuser zu schlagen, um dem Strom der Flut zu entgehen.

Als es dunkel wurde, war die Verzweiflung Vieler unbeschreiblich. Die Rettung war schwierig und in manchen Fällen ganz unmöglich.

Harrison, Ohio.

Wenigstens zwölf Personen fanden ihren Tod in den Fluten in Harrison, Ohio, nahe bei Cincinnati. Das Städtchen bekam den vollen Stoß des übervollen und daher überfließenden White Rivers zu fühlen; derselbe ging über seine Ufer, füllte den alten Kanal und floß über die Straßen. Das Wasser erreichte das Central Hotel und war fünf Fuß tief an State Straße. Da war eine mächtige Wassersee über den Niederungen des Miami und des Whitewater, der meilenweit war. Er erstreckte sich von Lawrenceburg und Elizabethtown östlich bei Cleves.

Der ganze Farmdistrikt des unteren Endes des Whitewatertales war unter Wasser; die Bewohner waren gezwungen nach den Hochländern zu fliehen, um ihr Leben zu retten. Ein großer Teil dieses Farmlandes wurde für die Säearbeit vorbereitet, und der Verlust und Schaden, der an diesem Lande geschah, war nicht zu reparieren.

Middletown, Ohio.

Vierzehn Menschen ertranken in Middletown, Ohio, und der Verlust an Eigentum wurde geschätzt auf $1,500,000.

Zanesville, Ohio.

Als die Fluten in Zanesville, O., sich verlaufen hatten, fand man, daß fünf Menschen durch Ertrinken umgekommen waren. Der Eigentumsverlust wurde auf mehrere Millionen veranschlagt. Die halbe Stadt hatte unter Wasser gestanden. Viele Gebäude waren eingefallen und die Stadt wurde ferner durch mehrere Feuer in Gefahr gebracht. Die Stadt hatte unter Kriegsgesetz gestanden.

Die große Sechste Straße Brücke war von der Flut weggeschwemmt worden und wenigstens zweitausend Personen wurden durch Hochwasser aus ihren Wohnungen vertrieben.

Brookville, Ind.

Sechzehn Todte wurden berichtet von Brookville, Franklin Co., Ind., am 28. März. Die Opfer wurden durch den Zusammenfluß der Ost- und Westarme des Whitewaterflusses, die in jenem Städtchen zusammenfließen, schnell überrascht und getödtet. Ueberlebende berichten, daß Männer, Frauen und Kinder versucht hätten, mit Hilfe von Laternen zu fliehen, als die elektrische Lichtanlage vom Wasser weggeschwemmt worden sei. Ströme, die sich kreuzten, trugen sie eine Meile weit stromabwärts, gerade südlich vom Städtchen.

Fünf Kinder, alle aus einer Familie, wurden beobachtet, wie sie sich alle an eine alte Bettstelle klammerten, daß sie aber mitten in den Strom gerissen worden seien, wo sie ertranken.

Fünf große Wagenbrücken, die Big Four Eisenbahnbrücke, die Eisenbahnstation und eine Papiermühle wurden zerstört.

Die Ueberlebenden versammelten sich in den Kirchen beinahe sofort nach dem Unglück und beteten, daß die mit dem Wasser ringenden Menschen gerettet werden möchten.

Fort Wayne, Ind.

Mehr als 3000 Heimstätten in den drei tiefliegenden Vorstädten von Fort Wayne wurden unter Wasser gesetzt; die letzte derselben war Lakeside, welches durch Deiche gegen den St. Joseph und Maumee Fluß geschützt war. Häufig entstanden Brüche in diesen Deichen und das Wasser strömte dann in die Fenster des zweiten Stockes der Heimstätten.

Vier Vorstädte standen unter Wasser — Spy Run, Nebraska, Bloomingdale und Lakeside. Eine Person ertrank. Hunderte von Geretteten brachten die Nacht im Courthaus zu, dem Elks Tempel und den Kirchen. Die Bäckereien und Fleischmärkte gaben ihnen ohne Geld Nahrungsmittel, aber Hunderte von kleinen Kindern weinten vor Durst, da die Wasserwerke still standen. Das Notfallreservoir war abgesperrt, um das Wasser zu sparen für einen etwaigen Ausbruch von Feuer.

Die Hilfsarbeiten wurden prompt organisiert und durchgreifende Hilfe wurde den Obdachlosen und anderen Leidenden zu Teil. Mehr als 30,000 Häuser wurden beschädigt und der Verlust an Eigentum bezifferte sich auf Millionen.

Logansport, Ind.

Zwei Drittel von der Stadt Logansport waren unter Wasser; an einigen Plätzen war das Wasser fünfzehn Fuß tief. Nur ein Todesfall wurde gemeldet, aber der Eigentumsverlust war groß.

Geschäfte standen stille und die Aufmerksamkeit der Bürgerschaft war auf die Rettung und Versorgung Hilfsbedürftiger gerichtet. Vier Regierungs-Lebensrettungsboote, jedes von zehn Kadetten von der Culver Militärakademie bemannt, wurden nach Logansport gesandt auf einem Spezialzuge, um in der Rettungsarbeit zu helfen. Seeboote von der Ver. Staaten Kadettenschule in Chicago halfen auch in der Rettungsarbeit.

Dreitausend Menschen wurden durch die Flut obdachlos, welche auf ein schnelles Steigen des St. Josephflusses in der Nacht des 25. März erfolgte.

Lafayette, Ind.

Der Wabashfluß erreichte eine Höhe von 30 Fuß am 26. März und überschwemmte den großkaufmännischen Distrikt. Hunderte sahen sich gezwungen, ihre Wohnungen am Flußdamme zu verlassen. L. P. Woolery, ein Purdue Student von Indianapolis, ertrank, während er zwei Männer zu retten versuchte, nachdem die Brown Str. Brücke fortgeschwommen war. An einigen Plätzen war der Wabash drei Meilen breit, und die Monon, Big Four und Wabash Eisenbahnen gaben allen Zugdienst auf. Lafayette war gänzlich abgeschnitten von West-Lafayette und 2000 Purdue Studenten litten unter Nahrungsmangel.

Muncie, Ind.

Der White Riverdamm brach an dem Morgen des 25. März und die ganze nördliche Sektion der Stadt wurde unter Wasser gesetzt. Viele gaben ihre Wohnungen auf und suchten anderswo Obdach. Geschäfte waren zum Stillstand gekommen, und der Eisenbahn- und Straßenbahnverkehr versagte. Die Big Four-Brücke und die Chesapeake Ohio-Brücke waren zerstört. Der Deich der Wasserwerke brach in der Nacht und die Angestellten sahen sich gezwungen, das Gebäude zu verlassen. Die Stadt war ohne Schutz gegen Feuer.

Noblesville, Ind.

Zwei Personen ertranken in der Flut in Noblesville, Ind., am 25. März. Viele Geschäftshäuser schlossen ihre Türen und Viele verließen die Stadt.

Terre Haute, Ind.

Die Stadt Terre Haute erwachte am Mittwoch Morgen den 26. März und sah mit Schrecken, daß sie überflutet war. Am Sonntag hatte ein Tornado seinen Weg durch die Südseite genommen, die ganze Dienstag Nacht hatte der Regen in Strömen gegossen und das Wasser war durch die Ueberbleibsel von beschädigten Häusern gesickert bis die Menschen flüchteten und in der vom Sturm zerrissenen Stadt auf den Straßen umherirrten, betäubt und halb wahnsinnig.

An den Ufern des Wabash ließ der Sturm eine Bahn des Ruines, Todes und Leidens zurück. Hospitäler waren überfüllt, die Leichenhallen voll, Schulhäuser voll geflohener zitternder Menschen, und der Regen draußen goß noch immer, eine schreckliche Begleitung zu einer schrecklichen Szene.

Pennsylvania's Städte unter Wasser.

Berichte lauten dahin, daß die Flußdistrikte allen Eisenbahnverkehr nördlich von Pittsburg eingestellt hatten und ein halbes Dutzend Städte überflutet waren. Youngstown, Meadville, Sharon und Newcastle berichteten die höchsten Fluten, die sie jemals gehabt hätten. Pennsylvania Eisenbahnzüge mußten oft stillhalten wegen zahlreicher Geleiseunterhöhlungen durch Wasser; Industriefabriken standen still und die Flüsse stiegen immer höher.

In Newcastle brach der Neshannockfluß, der gewöhnlich 5 Fuß tiefes Wasser hat, aus und wurde ein reißender Strom, der einen drei Fuß tiefen Schwall Wasser über die Geschäftsstraßen wälzte, die nach dem Flusse führten. An Neshannock Avenue erreichte das Wasser eine Höhe von beinahe 3½ Fuß. Viele Personen waren in ihren Wohnungen an den Flußufern entlang vom Wasser eingeschlossen.

Im New Yorkstaate.

Todesfälle infolge der Flut im Staate New York wurden berichtet von Glens Falls am 27. März. Eine Brücke wurde dort weggeschwemmt und zwei Personen sollen dabei umgekommen sein. In dem östlichen Ende des Staates erlebten Bewohner des Mohawk und des Hudsontales die größten Fluten in Jahren.

In Albany wurden Fabrikanlagen außer Betrieb gesetzt, Straßenbahnverkehr hörte fast ganz auf und Schulen und Fabriken waren geschlossen. Das Südende der Stadt stand unter Wasser und die Polizei rettete Bewohner in Booten.

In dem Adirondackgebirge war die Flutart empfindlich. Das Städtchen Luthern mit 200 Einwohnern war abgeschnitten, während die halbe Stadt Fort Edwards überschwemmt war. In Hornell, N. Y., stand nach den Berichten die halbe Stadt unter Wasser; Brücken waren beschädigt und ein Dutzend Nachbarorte waren überschwemmt. Eine Person ertrank in der Flut zu Hornell. Teile von Nord-Olean, N. Y., waren unter zehn Fuß Wasser und viel Schaden war dort angerichtet.

Troy, N. Y.

Die größte Ueberschwemmung in der Geschichte von Troy, N. Y., trat ein in der Woche des 23. März. Nachdem es alle Rekords geschlagen und beinahe zwei Fuß höher als die historische Hochflut vom Jahre 1857 gestiegen war, begann das Wasser am Freitag Abend den 29.

März zu fallen und floß schnell ab. So weit man bis dahin erfahren konnte, war Niemand ertrunken, aber der Feuerschaden war groß; die meisten Gebäude waren gänzlich zerstört. Sechs, acht und in einigen Fällen zehn Fuß Wasser hinderten die Feuerwehr irgend etwas zu tun. Hunderte von Leuten besonders am Südende wurden obdachlos und all ihr Hab und Gut wurde in vielen Fällen zerstört. Der Verlust kann nicht berechnet werden; besonders hatten Corporationen und Geschäftsleute schwere Verluste. Die Troy Gas Company war im Stande schon am Freitag wieder Gas zu stellen, was die Lage etwas erträglicher machte. Es gab freilich keine elektrischen Cars und kein elektrisches Licht; alle Kraftanlagen in dem Distrikt der Hauptstadt New Yorks, sowie auch Mechanicsville und Spier Falls waren unter Wasser.

Gute Ordnung wurde ohne Schwierigkeit aufrecht erhalten. Die Polizei und Feuerwehr arbeiteten schwer. Niemand litt unter Nahrungsmangel oder Obdachlosigkeit, aber der Verlust an Eigentum war ein enormer.

Die Standard Preß von Troy veröffentlichte Flutblätter, 8 bei 11 Zoll groß, für mehrere Tage und war die einzige Zeitung, die in Troy während der Flutzeit gedruckt wurde.

Fluten wurden von mehreren anderen Punkten des Nördlichen New York Staates berichtet. In der Tat, diese Woche wird in der Geschichte der Ver. Staaten als die unheilvollste Periode von durch Sturm und Flut angerichtetem Schaden dastehen.

Cairo, Ill.

Während der großen Flutwoche, durch die Ohio und Indiana so schwer heimgesucht wurden, sprach man in Cairo, Ill., und anderen Orten die Befürchtung aus, daß die Hochwasser des Ohio und Mississippi früher oder später ihre Dämme durchbrechen und das Leben der Einwohner gefährden würden.

Man tat Schritte zum Schutz der Dämme in Cairo und Gouverneur Edw. F. Dunne von Illinois beorderte das Siebente Regiment, J. N. G. Col. Daniel Moriarity Befehlshaber, von Chicago nach Cairo, um die Dämme zu schützen und Ordnung in den bedrohten Städten aufrecht zu erhalten.

Die Illinois Naval Reserve wurde auch aufgerufen und diese sandte ein gutes Aufgebot Mannschaften mit Booten unter dem Commando von Wm. McMunn.

Die Arbeit beider Abteilungen war wirksam und durchgreifend. Die Truppen taten ausgezeichnete Arbeit an den Flußdämmen entlang. Das Seemilitär zeichnete sich aus durch Rettungsarbeit. Eine Partie von vierzehn unter Commando von Fähnrich A. R. Pieper, war drei Tage beschäftigt auf einer Hilfsexpedition am Mississippi entlang und rettete 142 hungernde und überschwemmte Bewohner von Kentucky und Missouri, die den Fluß entlang unterhalb Cairos wohnten. Die Meisten von ihnen waren mehrere Tage ohne Nahrung gewesen. Man fand sie in den oberen Stockwerken ihrer gebrechlichen Häuser und auf Dächern.

Die Männer, Frauen und Kinder waren in traurigster Verfassung, sagte Fähnrich Pieper. Die Alten weinten und beteten, die kranken Frauen, die auf Tragbahren herausgebracht wurden, die aus Rudern und Blankets zusammengesetzt waren, wanden sich vor Schmerzen und die kleinen Kinder weinten vor Hunger und Kälte.

Shawneetown, Ill., nahe bei Cairo, lag viele Tage lang den Flutwassern ausgesetzt. Viele waren obdachlos und Hilfe wurde vom Staate gereicht. Auf Gouverneur Dunnes Rat wurden nach dem 3. April Hilfsgelder, die

Tobende Stürme 201

in Illinois gesammelt waren, an die Obdachlosen und Hilfsbedürftigen in und um Cairo verteilt. Es wurde geschätzt, daß zu der Zeit nahe an 20,000 Leute in den Illinoisstädten am Ohiofluß entlang der Hilfe dringend bedürftig waren. Die Flut in Illinois, obgleich sie durch die Ereignisse in Ohio und Indiana ein paar Tage vorher nicht so beachtet wurde, war die schlimmste in der Geschichte des Staates.

Kraftboote bei der Rettungsarbeit.

Kapitel XVI.
Hilfsmaßregeln.
Uncle Sam und das amerikanische Volk tun Schritte um den Obdachlosen und Leidenden zu helfen.

Angesichts der Zustände in Dayton, von welchen man in den Morgenzeitungen am Mittwoch den 26. März las — zwei Tage nachdem die Nachricht von dem Tornado in Omaha eingetroffen war — antwortete das Volk sofort und großmütig auf die Hilferufe aus jenen Gegenden.

Die Regierung tat ihren Teil, die Armeeorganisation wurde zur Hilfe genommen, um Schutz, Obdach und Lebensmittelrationen zu verschaffen. Staaten und Städte bewilligten Geldsummen, um das Hilfswerk zu unterstützen; Geschäftsverbände, Kirchen, Vereine, Clubs trugen jeder das Seine bei. Und bald lernten die Leute der überschwemmten Distrikte in den zwei Staaten, die durch die Fluten betroffen waren, die Lektion vom Jahre 1871 als Chicago in Asche gelegt wurde, daß das Volk der Ver. Staaten immer hilfsbereit ist.

Präsident erläßt eine Proklamation an das Volk.

Am 26. März erließ Präsident Wilson den folgenden Appell an die Nation, den durch die Fluten in Ohio und Indiana Betroffenen zu helfen:

„Die furchtbaren Fluten in Ohio und Indiana haben die Größe eines Nationalunglücks angenommen. Der Verlust an Menschenleben und zahllose Leiden, die damit verbunden sind, treiben mich dazu, einen ernsten Appell an die Mildtätigkeit Aller zu richten, die im Stande sind, mit noch so wenig oder viel die Arbeiten der Rote Kreuzgesellschaft zu unterstützen und sofort Beiträge an die Rote Kreuzgesellschaft in Washington zu senden oder an die im Orte befindlichen Beamten dieser oder anderer amtlicher Schatzmeister dieser Gesellschaft. Wir sollten dies zu einer

Tobende Stürme

gemeinsamen Sache machen. Die große Not derer, über welche dieses plötzliche und überwältigende Unglück hereingebrochen ist, sollte Jeden, der ein Herz für Anderer Not hat, antreiben, sofort mitzuhelfen an dem Werke der Rettung um Hilfe.

Woodrow Wilson."

Gouverneur Cox's Appell um Hilfe.

„Wenn unsere schlimmen Befürchtungen eintreten, so sind wir gezwungen, uns an die Außenwelt zu wenden um Schenkungen von Zelten und Lebensmitteln, damit wir in dem größten Unglück, das diesen Staat jemals betroffen hat, helfen können," sagte Gouv. James M. Cox an dem Morgen, nachdem die Flut Alles überschwemmt hatte.

Der Gouverneur sagte auch, daß Truppen beordert wären zum Dienst in Columbus und daß die Seereserven von Toledo nach Piqua geschickt seien. Die Dayton Kompagnien werden in Dayton selbst zum Dienst gebraucht.

Die Kompagnien in Cincinnati würden vermutlich nach Hamilton und Middletown im Miamitale gehen müssen, weil von dort Notsignale gekommen seien.

Auf die Empfehlung von Gouverneur Cox wurden am selben Tage von der Gesetzgebung auf Vorschlag von Repräsentant Lofrie $250,000 zur Versorgung der Ueberschwemmten des Staates bewilligt.

Gouverneur Cox sandte Appelle um Hilfe an die Gouverneure von allen Nachbarstaaten mit Einschluß von Pennsylvania, West-Virginia, Michigan, Indiana und Kentucky. Zelte und Lebensmittel würden am notwendigsten gebraucht, sagte der Gouverneur.

Chicago tut seinen Teil.

Als ein Beweis praktischer Sympathie und schneller Hilfe mag das Beispiel Chicagos angeführt werden. Aehnliche Schritte wurden in beinahe allen großen Städten des Landes getan.

Die „Chicagoer Association of Commerce" erließ den folgenden Appell durch ein speziell ernanntes Flutkomite am Morgen, nachdem die Flut über Dayton hereingebrochen war:

An das Volk von Chicago und Umgegend!

Ihr Beitrag zu einem Hilfsfond für die Ueberschwemmten in den heimgesuchten Distrikten von Ohio und Indiana wird sofort gewünscht.

Eine schöne Summe ist bereits an den Präsidenten der Ver. Staaten, der Präsident der Rote Kreuzgesellschaft ist, per Draht abgeschickt und weitere Summen müssen von Tag zu Tag folgen.

Euer Komite wünscht, daß Alle deren Herzen warm schlagen für Unglückliche, Gelegenheit haben ihren Beitrag und Namen zu unterschreiben und daß der Hilfsfond der allgemeine Ausdruck der Sympathie und Hilfsbereitschaft dieser großen Stadt sei.

Zu diesem Zwecke bitten wir um Ihre Unterschrift, gleichviel wie klein der Beitrag sei. Ihr Komite wird verantwortliche Repräsentanten auf dem Platze haben, um mit den Beamten des Roten Kreuzes und der Staatsregierungen gemeinschaftlich zu handeln.

Schicken Sie Ihren Beitrag an die Chicago Association of Commerce, 10 Süd La Salle Straße, Chicago, und machen Sie Ihre Checks zahlbar an Francis T. Simmons, Schatzmeister, und der Empfang wird gehörig bescheinigt.

Homer A. Stillwell, Vorsitzer,
John W. Scott, Vicepräsident,
Francis T. Simmons, Schatzmeister
des Hilfsfonds für Ueberschwemmte.

Chicago antwortet auf Ohio's Appell.

Eine Chicagoer Zeitung veröffentlichte den folgenden Aufruf als Antwort auf Gouverneur Cox's Appell um Hilfe:

Der Chicago American ruft das Volk Chicagos auf, dem Appell des Gouverneur von Ohio um Schenkung von Geldern und anderen freiwilligen Gaben für die Tausende von Menschen, die in den überfluteten Gegenden leiden müssen, Folge zu leisten. Die angeschwollenen Flüsse und überfließenden Seen in den Hügeln Ohios haben Schaden zum Betrage von Millionen angerichtet, Tausende und Abertausende außer Arbeit gesetzt, Fabriken und Geschäftshäuser zum Stillstand gebracht, Eisenbahnen enormen Schaden getan und unzählige Tausende obdachlos und arm gemacht. Das Unglück ist das allererschütterndste in der Geschichte des Staates Ohio und eines der schrecklichsten, das irgendein Teil der Ver. Staaten kennen gelernt hat.

„Der giebt doppelt, der schnell giebt."

„Ohio, durch ihren höchsten Exekutivbeamten, wendet sich an die Welt, ihm zu Hilfe zu eilen. Da ist keine Zeit zu verlieren, der Mangel ist groß und fordert schnelle Hilfe. Kleider, Betten, Nahrungsmittel, Zelte, Geld und Medizin muß den geschlagenen Leuten mit freigebigen Händen gereicht werden. Dort in Ohio soll kein Elend zu Hause sein, welches das Volk der Ver. Staaten mit seiner Freigebigkeit abwenden kann. Die Gelegenheit ist hier für Chicago sich solcher Not gegenüber ebenso edelmütig zu zeigen wie es immer getan hat den Notleidenden gegenüber, und wie auch die ganze Nation Chicago treulich geholfen hat nach dem Unglück im Jahre 1871.

„Man sende seine Geldbeiträge, zahlbar an den Chicago

American, Ohio Relief Fund. Man benachrichtige den "American", wo andere Beisteuern an Materialien als Kleider, Betten, Zelte, Kochgeschirr und andere nötige Artikel und Lebensmittel abgeholt werden können. Laßt uns solchem Appell gegenüber nicht knickerig sein!"

Schnelle Antwort kommt auf Ohio's Ruf um Hilfe.

Die schnellste Hilfe von Chicago auf den Ruf kam bei dem Lunch, den die Chicago Association of Commerce wöchentlich giebt. Die in den Zeitungen veröffentlichte Liste der damaligen Geber zu wiederholen, fehlt es an Raum; die Liste ist zu lang. Eine Totalsumme von $68,000 wurde zu diesem Hilfsfond am ersten Tage gezeichnet.

Schnell wird in Washington gehandelt.

Prompt hat die Regierung der Ver. Staaten bei der Inangriffnahme der Hilfsarbeit und Abwendung möglicher Gefahren gehandelt.

Wie sie besonders die Gefahren von ausbrechender Pestilenz in den überschwemmten Distrikten ins Auge faßte, geht aus folgendem Bericht hervor:

Mittwoch, den 26. März. — In der Ueberzeugung, daß auf die Ohio-Indianafluten eine Pest folgen wird, die die doppelte Zahl von Fluten-Opfern fordern würde, hat Präsident Wilson sofort die nötigen Maßregeln ergriffen, um diese Gefahren abzuwenden. Nicht nur sind eine Million Rationen und Zeltausrüstungen für 30,000 Personen auf dem Wege in Columbus, um überall wo es not tut verteilt zu werden, sondern es sind auch innerhalb 24 Stunden acht Armeeärzte mit 10,000 Pockenlymphe und Anti-Typhus-Präparaten und genügend medizinischen Vorräten auf den bedrohten Plätzen, um mit ihrer Arbeit zu beginnen.

Präsident Wilson gab Befehl, daß diese Maßnahmen

sofort ausgeführt würden, als er den Appell von Gouv. Cox erhalten hatte. Es wurde ihm seitdem von den Senats- und Hauspräsidenten vom Komite versichert, daß irgend welche Befehle oder Geldbewilligungen seinerseits von den gesetzgebenden Körpern gutgeheißen würden.

Der Appell für Lebensmittel und Medizinen von Gouverneur Cox erreichte das Weiße Haus kurz nach Mittag. Zehn Minuten darnach waren das Kriegs- und Schatzdepartement und andere Zweige der Regierung an der Arbeit mit Vorbereitungen zur Aussendung von Hilfsmaterial aller Art in solchem Maße und Eile und in solchen Mengen, wie sie nur durch Kriegsrüstungen übertroffen werden können.

In Verbindung mit der Arbeit des Kriegsdepartements setzte auch das Rote Kreuz seine ganze Maschinerie in Bewegung und außerdem begann es die Arbeit, den ungeheuren Geldbetrag aufzubringen, der sehr bald gebraucht werden würde.

Zur Ergänzung der Arbeit des Roten Kreuzes gab Sekretär McAdoo Auftrag, daß der öffentliche Sanitätsdienst ans Werk gehe. Alle Aerzte, die man von nötigen Dienstpflichten entbehren könnte, sollten nach Ohio reisen.

Proklamation von Brand Whitlock.

An die Einwohner Toledos:

Unser Staat ist von einer jener todbringenden Trübsale heimgesucht worden, die so groß und ausgedehnt, sowie so erschrecklich sind, daß die menschliche Einbildungskraft die dadurch entstandenen Leiden und Angst gar nicht mit Worten beschreiben kann. Die Fluten der letzten drei Tage haben plötzlich mitten in der Nacht Tausende von Leuten in dem westlichen Teile unseres Staates, Männer, Frauen und zarte Kinder aus ihren Heimstätten hinausgetrieben in die finstere kalte, stürmische

Nacht, ohne die nötigen Kleider und Lebensmittel mitnehmen zu können. Und die in ihren Häusern blieben, waren noch schlimmer daran, denn ihr Haus wurde zu einem Gefängnis für sie, aus dem sie des Hochwassers wegen nicht mehr entfliehen konnten; ihr Haus war zu einem zerbrechlichen Kasten geworden, den die Fluten jederzeit mit sich fortreißen und zertrümmern konnten; ihr Haus wurde vielleicht zu ihrem Todtenhaus, ohne Wasser und Nahrung, wenn die wilden Wasser sie nicht verschlangen.

Und diese Tausende sind unsere eigenen Leute, Bürger unseres Staates Ohio und das große Herz von Toledo wird nicht verfehlen in dieser Not unseren Brüdern bereitwillig zu helfen in dem Appell, der diesen Morgen an uns kommt. Ich setze ein Komite ein, das die Beiträge in Empfang nimmt, Beiträge aller Art, Kleider und Nahrungsmittel und Geld, und ich werde den Bürgermeistern der verschiedenen heimgesuchten Städte schreiben, daß Toledo ihnen auch helfen wird. „Wer schnell giebt, giebt doppelt."

Brand Whitlock, Mayor.

Toledo schickt Hilfe.

Die folgende Depesche von Toledo schildert einen Teil der Hilfsarbeit, die dort prompt ins Werk gesetzt wurde:

Toledo, Ohio, den 27. März. — Der Hilferuf von den reißenden Fluten der Distrikte Ohios, die in ihrem Wege Tod und Zerstörung zurückließen, hat einem Hilferuf um Brod Platz gemacht.

Von Fremont, Tiffin, Ottawa und anderen heimgesuchten Städten im nordwestlichen Ohio kamen heute dringende Bitten um Zusendung von Brod und Backhefe zum Brodbacken.

Fremont hatte durch Polizeichef Knapp bei hiesigen

Tobende Stürme

Bäckereien 5000 Laibe Brot bestellt. Der Handelsklub gab jeder Bäckerei in Toledo eine Bestellung für 2,000 Laibe Brot, das macht eine Bestellung von 10,000 Laibe Brot, die der „Commerce Club" morgen verteilen wird.

Bäckereien werden bis zum Äußersten ihrer Kräfte angetrieben und ihre regelmäßige Kundschaft wird deswegen vernachlässigt, damit sie für die Not der Ueberschwemmten sorgen können.

Auch der Ruf nach Gasolin kommt aus den Städten des nordwestlichen Ohio. Da die Gaswerke geschlossen sind, anderes Brennmaterial unter Wasser ist, so müssen die Ueberschwemmten auch durch Kälte leiden. Das meiste Gasolin wird als Brennmaterial gebraucht werden, doch wird auch vieles von Gasolinbooten, die noble Arbeit tun, verbraucht.

Ottawa, Ohio, bat auch um Zusendung von Lebensmitteln u. s. w. und der Commerce Club ist dabei, einen Hilfszug fertig zu machen.

Ein zweiter Zug mit 38 Ruderbooten wurde heute früh von Polizeichef Knapp unter Polizeibedeckung zum Beistand Daytons abgesandt.

Kleider, Lebensmittel, wollene Decken und baares Geld kommen in großen Mengen in die temporären Quartiere des Commerce Club Hilfskomites im Nasby Gebäude ein und Toledo tut seinen Teil zur Erleichterung der Not der Ueberschwemmten in glänzender Weise.

Eisenbahnzug erreicht Dayton.

Der erste Hilfszug von Toledo muß nach der folgenden Depesche, die Sekretär Biggers vom Toledo Commerce Club von Gouverneur Cox erhielt, frühe am 27. März nach Dayton gekommen sein. Die Depesche lautet so:

„Toledo tat das beste wirksamste Werk von irgendeiner Stadt oder dem umliegenden Lande. Die Stadt erkannte den Ernst unserer Lage bevor eine andere Stadt ihn begriff und ich habe Sie durch das Telephon aufgerufen, um Ihnen und der Bevölkerung von Toledo meine tiefe Wertschätzung und den Dank des Volkes im Staate auszusprechen.

Toledos Zug war der erste auf dem Platze und ich höre, daß die Hilfsarbeiter edle Arbeit tun in der heimgesuchten Stadt Dayton.

Viele Städte beginnen mit der Hilfsarbeit.

Andere Städte, die früh begannen, die Hilfsarbeit für die überschwemmten Gebiete in die Hand zu nehmen, waren nach Depeschen, die man am 27. März erhielt, folgende:

New York. — Aerzte, Pflegerinnen und Rote Kreuz-Arbeiter, die medizinische Hilfsmittel, Nahrungsmittel und Kleidung brachten, verließen New York auf dem Wege nach dem überfluteten Distrikt Donnerstag Abend.

San Francisco. — In lebhafter Erinnerung an ihr erlebtes Unglück durch Erdbeben und die erfahrene Großmut in den Stunden ihrer Betrübnis vereinigte sich Gouverneur Johnson mit der Legislatur in einem Appell um wohltätige Gaben für die heimgesuchten Städte in Ohio, Indiana und Nebraska. Handelskammern und Bürgermeister in San Francisco, Oakland, Berkeley, Stockton, Seattle, Spokane und anderen bedeutenden Städten an der Seeküste sammelten Beiträge.

Des Moines, Jowa. — Gouverneur G. W. Clark erließ einen öffentlichen Aufruf um Beiträge für die Ueberschwemmten.

St. Paul, Minn. — Gouverneur Eberhart telegraphierte an Gouverneur Cox von Ohio und bot Hilfe an und erkundigte sich, wie viel nötig sei für die Ueberschwemmten. Ein gemeinsamer Beschluß wurde im Hause der Legislatur eingebracht, sofort $5000 zu bewilligen.

Milwaukee, Wis. — Dep. Commandant Spratt, von der Staats-Grand-Armee der Republik, erließ eine Spezialorder, die um Subskriptionen für die durch die Fluten leidenden Kriegsveteranen ersuchte.

Salt Lake City, Utah. — Ein Fond von $1000 wurde von dem Salt Lake Commercial Club in ein paar Minuten aufgebracht. Die Ohiogesellschaft von Utah brachte ebensoviel auf.

Pueblo, Colo. — Die Trades Assembly brachte letzte Nacht $1,600 für die Überschwemmten auf.

Klamath Falls, Oregon. — Klamath County begann sofort acht Eisenbahnwagenladungen Kartoffeln den Ueberschwemmten des Ostens zu schicken. Andere wollten sie folgen lassen. Eine Carladung sollte nach jeder großen Stadt im Ueberschwemmungsgebiet gesandt werden.

Baltimore. — Es wurde durch die Generalbureaus der Baltimore und Ohio Bahn bekannt gemacht, daß alle Hilfssendungen nach den überschwemmten Gebieten frei transportiert werden und das erste Wegerecht haben und so prompt als möglich versandt werden sollten. Gouv. Goldborough, Präsident der Maryland Rote Kreuzgesellschaft, erließ einen Aufruf zur Aufbringung von Beiträgen für die Ueberschwemmten.

Harrisburg, Pa. — Gouverneur Tener erließ eine Proklamation an die Bürger Pennsylvanias zur Aufbringung von Beiträgen für die Ueberschwemmten in Ohio.

Sterling, Ill. — Mayor J. W. McDonald brachte einen Hilfsfond von $300 für die in Dayton Ueberschwemmten auf.

Champaign, Ill. — Mayor Coughlin erließ einen Aufruf für Unterstützung der Ueberschwemmten und ernannte ein Komite, um zu kollektieren.

Hammond, Ind. — Obgleich die Bevölkerung in der Calumetregion selbst mit Ueberflutungen in ihrem eigenen Gebiete zu tun hatte, so brachten sie doch $50,000 in Baar auf und sandten einen ganzen Zug mit Hilfs- und Lebensmitteln nach der überschwemmten Region von Central-Indiana. Die Hammond Handelskammer sandte einen Eisenbahnwagen mit Blankets, Kleidern und Lebensmitteln. Der Hammond Bootclub schickt seinen Commodore und Flotte von Motorbooten auf der Chasepeake und Ohio mit Flachwagen nach Peru.

Die East Chicago Handelskammer brachte eine große Summe auf und vierzig Fabriken in jener Gegend begannen mit Subskriptionslisten. Die Bürgermeister von Gary, Hammond und East Chicago erließen heute öffentliche Aufrufe.

Kapitel XVII.

Was man nach der Ueberschwemmung tun soll.

(Dr. W. A. Evans, Gesundheitsbeamter von Chicago, in der Chicago Tribune.)

Nach einer Ueberflutung stellen sich die bösen Folgen ein. In einem überschwemmten Distrikt toben die Wasser, zerstören Leben und Eigentum ein paar Tage lang. Dann fallen sie wieder in ihre gewohnten Kanäle und Flußbette und ansteckende Krankheiten brechen aus und zerstören Menschenleben wochenlang.

Diese Krankheiten sind auch Produkte der Flut. Scharlachfieber, Diphtherie, Pocken und andere Formen von grassierenden Ansteckungskrankheiten nehmen zu, weil die regulären Methoden und Gebäuche der Bevölkerung gestört sind. In der Aufregung und dem Durcheinander werden keine Vorsichts- und Quarantänemaßregeln beobachtet und viel mehr Leute werden den Ansteckungsgefahren ausgesetzt als in normalen Zeiten. Leute, bei denen die Krankheit ausgebrochen ist, würden zu Hause bleiben und sich pflegen; so aber kommen sie mit anderen zusammen, die in höchster Angst fliehen oder mischen sich unter die Haufen müßiger Zuschauer.

Dies sind die Gründe und nicht Straßenkot, weshalb nach einer Flut Ansteckungskrankheiten in Massen auftreten. Diese Gruppe von Krankheiten flammt gewöhnlich eine Woche nach dem Ausbruch des Hochwassers auf und sie sind am schlimmsten ungefähr drei Wochen darnach.

Man hüte sich vor Lungenentzündung.

Lungenentzündung wird auftreten. Die Erkältungen, die von den feuchten Wohnungen herrühren, werden sich zeigen, wenn die Leute in diese zurückgezogen sind. Lungenentzündung wird sich innerhalb eines Tages entwickeln.

Lungenentzündung unterscheidet sich von Typhus dadurch, daß die Krankheitskeime bei Lungenentzündung nur wenige Stunden vor Ausbruch der Krankheit in das Blut gelangen, während sie bei Typhus in dem System eine Woche bleiben, ehe die Krankheit ausbricht.

Indessen werden einige Erkältungen, die die erste Nacht in dem dumpfigen feuchten Hause beginnen, nicht in Lungenentzündung sich entwickeln vor Verlauf von drei oder vier Tagen.

Die Lungenentzündungskeime in Nase und Hals verursachen Erkältung, in dem Blut verursachen sie Lungenentzündung.

In der Chicagoer Tuberkulose-Ausstellung sind beschreibende Bilder von feuchten Wohnungen und dem Schaden, der daraus entsteht. In den Hochwasserdistrikten sind die Häuser schlimmer als naßfüßig, sie sind naß durch und durch.

Das Heilmittel.

Das Heilmittel? Gründliche Reinigung, Entfernung allen Wassers aus Kellern, Waschen der Fußböden, Abwasserplätze und Toiletten mit einer Lösung von Chlorkalk oder Carbolsäure.

Um eine Lösung von Chlorkalk herzustellen zum Aufwaschen, schütte man ein Pfund des Pulvers von einer Kanne in ein halbes Faß Wasser. Für eine Carbolsäurelösung gieße man einen Teelöffel in eine Gallone Wasser.

Vor Allem heize man das Haus und seinen Inhalt tüchtig und lasse Sonne und Luft ungehinderten Zutritt und wiederhole dies jeden Tag.

Typhus und Diarrhoea.

Viele von den wichtigsten Folgen der Fluten sind Typhus und Diarrhoea. Der Gestank von Kot und verwesenden Stoffen in den Straßen und den Höfen ist widerlich, aber nicht so schlimm wie verdorbenes, verpestetes Wasser.

Häufig befinden sich Brunnen und Wasserreservoirs an niedrigen Plätzen und die Hochwasser bedecken dieselben. Dies geschah in Peru dieses Jahr und letztes Jahr in Memphis. Häufig besteht zwischen den Reservebrunnen nach den Abzugskanälen eine Verbindung, um die Brunnen vor dem Ueberfließen zu bewahren und diese führt Abwasser nach dem Brunnen. Dies kam in Mankato vor.

Häufig gebraucht eine Stadt das unfiltrierte Wasser aus einem sonst in normalen Perioden ziemlich sicheren Fluß, der aber in Ueberflutungszeiten schwer mit Krankheitserregern beladen ist. Häufig benutzen Leute die in Ebenen wohnen gegrabene Brunnen und in Zeiten von Ueberschwemmung fließt der Unrat von Höfen, Gruben und Ställen in diese Brunnen.

Manchmal rührt auch Typhus vom Waschen der Milchgefäße mit verunreinigtem Wasser her. Viel ist auch veränderter Lebensweise und Gewohnheiten zuzuschreiben, wodurch Leute Typhuskeime in sich aufnehmen.

Man koche oder chloriniere das Wasser.

Man beeinflusse so viele Leute als möglich, ihr Trinkwasser zu kochen oder zu chlorinieren. Unter Kochen verstehe ich das Wasser heiß zu machen bis es anfängt zu simmern. Der Typhuskeim wird durch eine Temperatur von 160 Grad getödtet, 50 Grad unter dem Siedepunkt.

Zum chlorinieren löse man einen Teelöffel Chlorkalk in drei Teetassen Trinkwasser. Von dieser Lösung gieße einen Teelöffel in zwei Gallonen Wasser.

Eine Gemeinde, die darauf sich verläßt, daß Jeder sein Trinkwasser nur gekocht trinkt, muß immer die Strafe durch Typhus bezahlen. Die richtige Methode ist, für gutes reines Trinkwasser zu sorgen. Eine temporäre Anlage für chloriniertes Wasser, wie Dernell es für die Armee vorgeschlagen hat, mag eingerichtet werden. Oder Chlorkalk kann in Wasser am Reservoir oder dem Brunnen aufgelöst werden. Das Verhältnis der Lösung sollte 30—40 Pfund Chlorkalk auf eine Million Gallonen sehr schmutzigen Wassers sein, so viel als die Leute ertragen können. In dem Maße als das Wasser klarer wird, kann weniger genommen werden, bis herunter auf 10—15 Pfund auf eine Million Gallonen. Wenn das Wasser normal zu sein scheint löse man fünf oder auch nur drei Pfund in einer Million Gallonen.

Offizielles Eingreifen ist nötig.

Da die Leute die gegrabene Brunnen haben, sicherlich schon nach einer Woche oder zehn Tagen das Wasser gebrauchen werden, sollten die Beamten selbst das Wasser mit Chlorkalk reinigen. Ein paar Fässer und Röhren ist Alles was nötig ist. Für sofortigen Gebrauch mag der Chlorkalk in einen groben Sack getan werden, der durch den Brunnen gezogen wird. Die Kosten sind gering.

Das Straßendepartement muß dafür sorgen, daß die Straßen und Seitengassen gereinigt werden und Sanitätsbeamte sollten zusehen, daß die Häuser gereinigt werden.

Die Hauptsorge muß jedoch reinem Wasser und reiner Milch gelten. Was auf dem Fußboden liegt, ist schlimm, was du aber ißt und trinkst kann millionenmal schlimmer sein.

Endlich, wer weise ist, lasse sich gegen Typhusgefahr impfen. Impfung rettete Memphis im Jahre 1912.

Kapitel XVIII.
Die Lehren, die uns die Fluten geben.

Unter den Lehren, die uns die Ueberschwemmungen in erster Linie an die Hand geben, ist die wichtigste die, daß es eine große Torheit ist und eine stetige Gefahr bildet, wenn unsere Hügel ihres Baumschutzes entkleidet werden. Ueberall in den überfluteten Gebieten, im ganzen mittleren Westen, hat die vom Handelsgeist geführte Axt des Holzschlägers, der nicht an die Zukunft denkt, die Hügel entblößt und die Bäume abgeschlagen. Dies hat die Täler dieser Regionen ihres größten natürlichen Schutzes gegen Hochfluten beraubt.

Viele Jahre lang ist die Lehre und Wichtigkeit der Wiederaufforstung von wissenschaftlich gebildeten Leuten gepredigt worden. Männer wie Gifford Pinchot und seine Zeitgenossen und Nachfolger in dem Ver. St. Forstdepartment haben auf die Gefahren hingewiesen, die es sicherlich mit sich bringt, wenn man unsere Staaten ihres Baumschutzes beraubt.

Aber die Warnung ist verlacht, verspottet und als zu schwarzsehend mißachtet worden, trotzdem jedes Jahr Fluten von kleiner oder größerer Ausdehnung als eine Folge der Entholzung der Waldhügel nachgewiesen werden konnten. Von Seiten der Gesetzgeber ist dieser wichtigen Frage auch wenig Aufmerksamkeit geschenkt worden und die Einwohner dieser Staaten ernten jetzt die Frucht der Kurzsichtigkeit und Blindheit ihrer Vertreter.

Die nationalen Forsten.

Wälder werden von der Wissenschaft angesehen als natürliche Mittel der Regulirung des Wasservorrathes zum Zwecke natürlicher Bewässerung und zu diesem Ende sind nationale Forsten in diesem Lande angelegt worden; man ist darin dem guten Beispiele älterer zivilisirter Staaten gefolgt, die ähnliche Erfahrungen von in Folge der Abholzung ihrer Wälder eintretenden Hochfluten machen mußten.

Und bei dieser Gelegenheit, da Tod und Verwüstung durch Fluten eben erst die traurige Erfahrung vieler Gemeinden im mittleren Westen ist, so ist es an der Zeit, sich ein paar Tatsachen ins Gedächtnis zu rufen, die dem Publikum immer wieder vorgehalten worden sind. Folgende Auszüge aus kürzlich erschienenen Veröffentlichungen des Forstdienstes der Ver. St. werden von Tausenden mit besonderem Interesse gelesen werden:

1. Es ist selbstverständlich, daß in Regionen von schwerem Regenfall, z. B. an den Abhängen der Pacifikküste in Washington, Oregon, Nord California und Alaska, Nationalforsten nicht hergestellt wurden zum Zwecke den Wasserfluß zu Bewässerungszwecken zu reguliren.

In diesen Regionen giebt es Wasser genug, die Wälder werden hier angepflanzt und erhalten um den Holzbestand zu schützen und zum Besten des ganzen Volkes zu ihrem jetzigen und zukünftigen Nutzen zu bewahren und um zu verhüten, daß der Regenfall plötzlich in zerstörenden Fluten ablaufe.

Der Nutzen der Forsten.

2. Die Aufgabe die Wälder in der Naturökonomie zu erfüllen haben, ist die, daß sie den Regen und Schnee nach ihrem Fall festhalten und wieder zum Besten des Landes verwerten und verwenden. Der Regen läuft an einem kahlen, von den heißen Sonnenstrahlen hartgebackenen Hügel schnell und wenn der Regen schwer ist, plötzlich und mit einem Mal ab. Er läuft an einem

ſchwammigen, weichen Boden viel langſamer, wenig auf einmal. Ein ſehr großer Teil von Regen und Schnee fällt auf die großen Gebirgsregionen. Wenn dieſe von weichem Boden und Pflanzenwuchs entblößt wären, ſo würden die Waſſer von denſelben in Fluten in die Täler hinunterlaufen und die überſchwemmen. Aber der Waldboden — die Bäume, das niedrige Gebüſch, das Waldgras, die dicken Lagen von Baumlaub, die Unkräuter und der maſſenhafte Wuchs im Walde — wirkt wie ein Schwamm. Er ſaugt das Regenwaſſer gierig auf, läßt es nicht raſch weiter laufen, ſondern hält es feſt und führt den Tälern in unzähligen Bächen und Flüßchen eine gleichmäßige Waſſermenge das ganze Jahr hindurch zu.

Die Walddecke ſpielt eine wichtige Rolle bei der Verhütung von Bodenriſſen und Einſchnitten ſowie dem häufig vorkommenden Abſchwemmen von Erde von Ländereien. Dieſe verhindert der Waldboden. Wenn die Berge und Bergabhänge kahl und der Boden unbeſchützt wären, ſo würden die Waſſer große Quantitäten Erdboden mit ſich reißen, damit die Kanäle, Reſervoirs und Flüſſe anfüllen und ungeheuren Schaden dem Lande und beſonders den großen Bewäſſerungsſyſtemen verurſachen. Die Ingenieure der Regierung, die dieſe Reſervoire und Kanäle bauen, werden keinen Erfolg haben, wenn nicht die natürlichen Bewäſſerungsbaſſins am Urſprung der Flüſſe und Ströme durch nationale Forſten geſchützt werden.

Frühere geſetzliche Einſchränkungen.

3. Schon im 16. Jahrhundert beſtanden in Frankreich Geſetze gegen Entholzung von Hügeln und Gebirgen, mit Geldſtrafen, Konfiskation und körperlichen Strafen bei Zuwiderhandlung. In der Hauptſache ver-

hinderten diese die zerstörende Abholzung von Bergen, allein mit der französischen Revolution wurden diese Gesetze weggeräumt und die Berge wurden so schnell entholzt, daß zerstörende Wirkungen innerhalb zehn Jahren sich zeigten. Um 1803 wurde das Volk aufmerksam auf die Torheit dieser Entholzung. Wo nützliche Bäche ruhig ihren nützlichen Lauf nahmen, waren reißende Ströme entstanden, welche die fruchtbaren Felder überfluteten und sie mit unfruchtbarem Boden bedeckten der von den Bergen geschwemmt war. Die Entholzung wurde fortgesetzt bis 800,000 Acker Farmland ruinirt oder schwer beschädigt waren und die Bevölkerung von achtzehn Departments verarmt war und sich gezwungen sah, auszuwandern.

Um 1860 nahm der Staat die schwierige Frage auf, aber in einer solchen Weise, daß die Lasten der Wiederaufforstung auf die Bergbewohner gewälzt wurden, denen außerdem noch viel Weideland weggenommen wurde. Natürlich gab es nun Klagen. Man machte einen Versuch, dem Uebel reißender Ströme durch Grasbau anstatt durch Forstbau und Pflege zu begegnen. Dies war indessen ein Fehlschlag und man kehrte zum Anpflanzen von Waldbäumen zurück durch Erlassung von Gesetzen im Jahre 1882, die vorsahen, daß der Staat die Kosten zu tragen hat. Seitdem haben die ausgezeichneten Resultate der Waldanpflanzungen das Volk eines Besseren belehrt. Die Bergbewohner sind ernstlich bestrebt, das gute Werk fortschreiten zu sehen und bieten ihr Land dem Forstdepartment umsonst zur Anpflanzung an.

In Frankreich hat also Forstwartung und Waldpflege die Gefahren von Fluten vermindert, die zuvor weite Strecken fruchtbarer Farmen vernichtet hatten und so hat auch diese vernünftige Maßregel viele Millionen dem Nationalwohlstand in neuen Forsten zugefügt. Sie hat die Gefahren von Sanddünen beseitigt und an ihrer Stelle Werte im Betrage von vielen Millionen Dollars geschaffen."

Erforschung der Ursachen.

Der folgende Artikel in der St. Louis Times vom 26. März macht aufmerksam auf vor der Flut unbeachtete Warnungen:

„Männer der Wissenschaft haben schon seit Jahren Warnungen an das amerikanische Volk gegen die allgemeine Entforstung von Millionen von Ackern ergehen lassen, in welchen sie immer wieder darauf hinwiesen, daß dieselbe unausbleiblich veränderte und gefährliche Zustände in den amerikanischen Tälern und Tiefländereien herbeiführen müßten.

„Während die vorherrschenden Stürme, die während der Equinoctialperioden jedes Jahr auftreten, als teilweise außerordentlich angesehen werden können und nicht auf die Entholzung der Wälder zurückgeführt werden müssen, ist es doch vernünftig anzunehmen, daß veränderte Zustände etwas mit der bedeutend vergrößerten Zunahme von auftretenden Fluten zu thun haben.

Die Vermutung liegt nahe genug, daß die Entholzung nicht bloß den Winden mehr Spielraum gelassen haben, sondern auch den durch schwere Regen entstehenden Hochwassern. So ist daraus zu schließen, daß der Bau neuer und gute Kanäle durch das ganze Mississippital ein dringendes Erforderniß ist.

„Lokale Fluten sind immer darauf zurückzuführen, daß der Kanal eines Stromes in der Nähe seine Pflicht nicht thut, und allgemeine Hochfluten sind die Zusammenhäufung vieler lokaler Störungen.

Indessen sind die nächsten Uebel, die man in den Niederungen des Mississippitales zu bekämpfen hat, die Fieber und alle Arten von ansteckenden Krankheiten.

Gegen ihre Weiterverbreitung sollte Chorkalk und Karbolsäure reichlich angewandt und so dem Trinkwasser besondere Aufmerksamkeit geschenkt werden.

Hauptsächlich aber sollte man dem großen Uebel der Hochfluten dadurch steuern, daß man die Wurzel derselben, soweit sie eine Folge der menschlichen Rücksichtslosigkeit und Gedankenlosigkeit ist, ausrottet."

Ein Fall, der dringend Wiederaufforstung fordert.

„Die unheilvollen Hochfluten in Ohio und Indiana sind ein schreckliches Wahrzeichen der Gefahren, die mit der Entholzung unserer Wälder sich einstellen," sagt die „Chicago Daily News", am 27. März. „Es ist nachgewiesene Tatsache, daß Fluten in Flußtälern durch schwere Wälderdecken verhütet werden, die die Wasserscheiden der Flußursprünge bedecken. Der lockere Erdboden, Wurzeln und der schwellende Laubteppich des Waldbodens sammelt und hält die Feuchtigkeit fest wie ein Schwamm. Die Folge ist eine bessere und langsamere Verteilung und Ausbreitung der schweren Regenwasser, und zerstörende Einflüsse des Wassers sind dadurch auf natürliche Weise ausgeschlossen. Dazu kommt noch, daß der Schnee in Wäldern langsam schmilzt.

Prof. John Gifford, von der Cornell Universität, eine Leuchte der Forstwissenschaft, schreibt: „Obgleich Hochfluten auch in bewaldeten Gegenden eintreten können, sind sie doch ungewöhnlich und der angerichtete Schaden ist gewöhnlich nur gering." Er zeigt, daß es in Europa nachgewiesen worden ist, daß Wälder einen Hauptfaktor bilden bei der Verhütung von Hochfluten.

In welcher Weise und Ausdehnung die entholzten

Gegenden in Ohio und Indiana wieder aufgeforstet werden können, ist schwer zu sagen. Neben dem Bau fester und zahlreicherer Dämme, scheint es keine andere und bessere Hilfe zu geben als Wiederaufforstung. Aber ein großes Hinderniß in Ohio ist dieses, daß es in dem Staate fast kein wüstes Land mehr giebt. Farmen nehmen 94 Prozent der Bodenfläche des Staates ein, und über 78 Prozent sind unter dem Pflug. Ackerbau ist auch Indianas Hauptbeschäftigung und Einnahmequelle. Seine Farmen bedecken einen großen Teil der Bodenfläche des Staates und sind äußerst wertvoll. Die nicht hochgelegenen Wasserscheiden dieser Staaten bringen gute Ernten hervor und können nicht so leicht bewaldet werden.

Die Commission des nationalen Forstbaues, die vor drei Jahren durch das Weeks' Gesetz ermächtigt wurde, hatte den Ankauf von ausschließlich billigen Ländereien ins Auge gefaßt, solche nämlich, die nicht ackerbaufähig sind. Doch die Bewegung für Waldschutz und Wiederaufbau abgeholzter Forsten dauert fort und wird eifriger betrieben, da man lernte, daß europäische Staaten den Forstbau und Waldpflege nicht bloß als notwendig, sondern auch als sehr profitable erkannt hatten. In 1911 z. B. wurde Preußens Einkommen von seinen Staatsforsten auf 18 und eine halbe Millionen Dollars abzüglich aller Unkosten geschätzt. Bis 1912 waren in Massachusetts mehr als zweitausend Acker Forstland unter der Leitung des Staatsförsters und 1,500 von Privaten gepflanzt worden. Viele andere Staaten interessiren sich jetzt für Försterei.

Ohne Zweifel wird die jährliche Wiederholung zerstörender Hochfluten die Forstbaubewegung mehr anregen und befördern, obgleich ihr in so ebenen und fruchtbaren Regionen wie diejenigen in Ohio und Indiana, die unter

Hochfluten leiden müssen, beinahe unüberwindliche Hindernisse entgegenstehen.

Das Unglück in Dayton.
(Das „Philadelphia Telegram" 26. März)

„Das furchtbare Wetter von Omaha ist von dem Unglück in Dayton schnell in Schatten gestellt worden. Der Westen scheint sich in den Klammern einer Zusammenwirkung widriger Umstände zu befinden, die von menschlicher Voraussicht nicht vermieden und durch menschlichen Scharfsinn nicht verhindert werden konnten.

Es leuchtet Jedem ein, daß Etwas in großem Maßstabe zur Verhinderung ähnlicher Vorfälle getan werden muß. Daß dieses eine schwere Aufgabe für die besten und geschicktesten Ingenieure sein wird, daran haben wir keinen Zweifel.

Aber es ist tröstlich, daran zu denken, daß die Ver. St. ein Corps von die Welt zum Zweikampf auffordernden Ingenieuren in denen haben, die jetzt den Panamakanal bauen. Diese werden jetzt bald durch die Fertigstellung des Kanals frei. Wäre es nicht weise, diese zu Hülfe zu rufen, um den immer drohenden Ueberflutungen des Missississippitales ein Ende zu machen?"

Die westliche Hochflut.
(Philadelphia Inquirer, 27. März.)

Wenn man auch zugesteht, daß unvollständige Berichte und unvermeidliche Uebertreibungen das Unglück zu schwer malten, so ist es doch offenbar, daß die Zerstörung von Menschenleben und Eigentum einen Umfang angenommen hat, der in der Geschichte dieses Landes seines Gleichen nicht hat. Noch niemals zuvor war ein so großer Landesteil verwüstet worden.

In den letzten Jahren waren viele Ueberschwemmungen, aber gewöhnlich nur in den Tälern des Ohio und des Mississippi. Durch ein Zusammenwirken der Naturkräfte hat sich eine Sündflut von Regen über die Stromgebiete von Ohio und Indiana ergossen und der große Schaden wurde angerichtet durch den schnellen Abfluß dieser Wassermassen, die durch enge Kanäle die großen Flüsse suchten. Die Folge war, daß die Ufer überschwemmt, Dämme weggerissen und Dörfer, Farmen und Städte beschädigt und zerstört wurden.

Viel von dieser Zerstörung ist der Tatsache zuzuschreiben, daß die Staaten Illinois, Indiana und Ohio fast ganz der Wälder beraubt worden sind, die diese Staaten bedeckten. Die Wassermassen fanden kein Hinderniß und schwere Verwüstungen waren die Folgen. Freilich mußten durch die schweren Regen die allgemein über dies Gebiet sich ergossen, das verhältnißmäßig nur wenig größere Flüsse besitzt, die Wassermassen Ueberflutung verursachen. Sieben Zoll Regen, der auf viele Millionen Acker sich zu gleicher Zeit ergießt, macht eine Masse, von deren Größe man keine Ahnung hat.

Obgleich ein Unglück in dem Maße nicht bald wieder vorkommen mag, da eine solche Verkettung zusammentreffender widriger Umstände ungewöhnlich ist, so scheint doch sicher zu sein, daß dieses Unglück zu einem wissenschaftlichen Studium der Frage führen muß, wie man die großen Wasserläufe des Landes so viel als möglich und am besten kontrolliren könne. Es ist gewiß, daß in wenigen Tagen der untere Mississippi wieder überfluten wird und daß der Schaden größer sein wird als je zuvor. Ingenieure der Regierung haben das Problem schon lange studirt und haben viele Empfehlungen gemacht, von welchen noch keine, außer in ein paar Lokalitäten verwirklicht worden sind. Eine Commission der besten Sachverständigen sollte vom Kongreß eingesetzt werden, um eines der schwierigsten Probleme der Wohlfahrt des Landes zu lösen.

Sagt, Ueberschwemmungen könnten verhütet werden.

Ein leitender Chicagoer Prediger, der am 30. März zu seiner Gemeinde über die Ueberschwemmung sprach, sagte:

„Das Land ist willig, Geld auszugeben für die Erhaltung einer Land- und Seemacht; aber es ist beinahe unmöglich eine Verwilligung für Bauten von Dämmen und Deichen zu erhalten.

Wenn ein Teil dieser Millionen angewandt würde um die Naturkräfte zu zügeln, so könnte eine Wiederholung des Unglücks von Indiana und Ohio in der Zukunft vermieden werden. Es ist Zeit, daß die Stadt-, Staaten- und Ver. Staatenregierungen etwas tun für den Schutz von Menschenleben und Eigentum ihrer Bürger."

Die Fluten von Ohio.

(„Topeka, Kansas, Capital", 27. März.)

Ohios Ueberflutungen sind ungewöhnlich früh dieses Jahr und die verheerendsten für Leben und Eigentum, die man je erlebt hat. Kein ähnlich großes Unglück wurde je in diesem Lande bekannt, selbst die furchtbare Johnstown Flut nicht, wie der Verlust von so vielen hundert Menschenleben vernichtet durch das schnelle Steigen der Wasser durch das Brechen der Dämme und Deiche; denn Dayton leidet nicht allein, denn mehrere Flüsse in Ohio wie in Indiana sind aus ihren Ufern getreten und haben ungeheuren Schaden in vielen Städten angerichtet.

Solche Vorkommnisse werden häufig von China, aber nur selten von dem flüssereichen, dichtbevölkerten Europa berichtet. Die alte Welt, in der Tat, ist nicht reich genug,

Tobende Stürme

daß sie es sich leisten kann, die Sachen gehen zu lassen und sofortige Geldausgaben zu sparen für jede Schutzmaßregel, die man ergreifen kann und auf diese Weise sich der Gefahr großer Geldverluste in kritischen Zeiten auszusetzen. Europas Städte lernten schon lange, daß ein Dollar, den man heute ausgiebt für bleibende Schutzzwecke, zwanzig Dollars sparte, wenn die Elemente Wasser, Feuer oder Seuchen drohen. Auf der anderen Seite ist es wahr, daß in der Hast zu wachsen und zu gedeihen permanente Schutzwerke in unserem Lande übersehen worden sind und unsere Städte sind, was Allen die Hauptsache zu sein schien, nur „gewachsen." Diese Schutzmaßregeln werden seinerzeit schon noch ergriffen werden m ü s s e n. Man wird Ueberflutungen zu verhindern suchen m ü s s e n. Vielleicht kommt es noch dahin, daß man Fluten zu nützlichen Zwecken verwendet, daß sie zum Segen statt zum Unglück werden.

Die Erwägung solcher Probleme und in der Tat aller Fragen allgemeiner Wohlfahrt, Entwicklung und Wachstums hat den Plan, der in europäischen Städten allgemein ist und auch hier populär wird, von einer sogenannten Staatsaufsicht zu Tage gefördert. Verheerende Fluten, die jedes Jahr oder so in einem so dichtbevölkerten, intelligenten Gebiet wie Ohio und Indiana und das Mississippital sind, das Leben und Eigentum von Tausenden bedrohen, sind kein gutes Zeugniß für unser Land. Diese Naturereignisse sind entschuldbar in China oder Indien, aber nicht in den Ver. Staaten.

Das Wohnen an den Flüssen und unter den Dämmen.
(Davenport, Jowa, Demokrat, den 26. März.)

Die Ueberflutungen am Ohio und dessen Nebenflüssen zeigen wieder die große Gefahr, welcher so viele Städte und ungeheure Landflächen ausgesetzt sind durch die steigenden Wasser amerikanischer Flüsse. Einige Gegenden sind in Gefahr durch s ch w a ch e Dämme, die dem Andrange gewaltiger Wassermassen nach schwerem Regen und Thauwetter im Frühjahr nicht widerstehen können. Andere Flußstrecken haben g a r k e i n e Dämme.

Die kostspieligen Erfahrungen, die wir jetzt machen mußten, werden dazu beitragen, daß die Staaten- sowie die Bundesregierungen mehr für Stärkung ihrer Deichsysteme sorgen. Zusammen mit einem wissenschaftlichen Drainirungssystem wird diese Art Politik tausende von Menschenleben und Millionen von Eigentumwerten erhalten, die jetzt noch durch Hochfluten verloren gehen und wird dazu beitragen, daß noch mehr Land dem Ackerbau geöffnet wird.

Die Kontrolle überfluteter Flüsse.

(Chicago Daily News, 29. März.)

In natürlicher Folge kommen auf die Berichte von Ueberschwemmungen, die kleine Flüsse verursachen, Warnungen vor dem großen Schaden, der zu erwarten steht, wenn die großen Flüsse mit den großen Wassermassen, den die kleineren Flüsse ihnen zuführen, belastet werden.

Keine ernstliche und wirksame Anstrengung ist gemacht worden, diese Flüsse zu kontrolliren, wenn sie wild werden. Damm- und Deichsysteme sind nicht ausreichend und die temporären Abwehrungsmittel der Flüsse vor Ausbruch sind oft völlig ungenügend.

Da man weiß, daß jährliche Ueberschwemmungen von größerem oder geringerem Umfang eintreten, so ist es an der Zeit ausreichende Schutzmaßregeln zu treffen. Aber wer soll die Arbeit tun und die Kosten tragen?

Es ist unzweifelhaft eine wichtige Frage, die die ganze Nation angeht. Der Schaden, der letztes Jahr durch die

Tobende Stürme

Hochfluten dem Mississippitale von Cairo bis zum Golfe zugestoßen ist, schädigt die ganze Nation. Ferner kommen die Gewässer von 41 Staaten und geben ein deutliches Beispiel, welche Folgen die nationale Gleichgültigkeit in Bezug auf Wiederaufforstung und die anderen Mittel der Verhütung von Hochfluten hat.

Die Verantwortlichkeit der Nation für den Schaden wird ausgesprochen in dem sogenannten Newlandsgesetz, welches der Senat passirte, das aber noch nicht vom Hause beraten wurde. Diese Maßregel bewilligte eine jährliche Ausgabe von 50 Millionen, um die Flüsse des Landes zu kontrolliren und in rechten Stand zu setzen auf jede Weise — durch Ansammlung in Becken und Seen, durch Drainirung, durch Forstschutz und Wiederanpflanzung von Forsten, durch Bau der nötigen Ingenieurwerke. Kurzum ein umfassender Plan wurde in diesem Gesetze vorgeschlagen, nach welchem die großen Flußsysteme zu gehorsamen Dienern des Volkes gemacht werden sollten, anstatt daß sie wie bisher als grausame Herren bei Hochfluten auftreten. Dieses Gesetz verordnete ferner, daß finanzielles und anderes Zusammenwirken von Lokal- und Staatsbehörden angestrebt werden sollte und daß die von Gemeinden und von Staatswegen aufzubringende Kostensumme wenigstens der gleich sein solle, die die V. St. dazu beisteuern." Offenbar sollte nach diesem Gesetz der Bund nicht alle Kosten allein tragen.

Diese Sache von der Kontrolle und dem Nutzen der Flüsse sollte auf dieser breiten Grundlage behandelt werden. Dieses wird befürwortet von dem nationalen Drainirungs-Kongreß, der in St. Louis bald zusammentreten wird und sollte hinter sich die Macht der einsichtsvollen, wohl entwickelten öffentlichen Meinung haben.

Dies ist die Ansicht, die allgemein im Lande ausgesprochen wird, — dies ist die Zeit die durch immer wiederkehrende Fluten gemachten Erfahrungen zu Herzen zu nehmen und wissenschaftliche Pläne zu ihrer Verhütung ins Werk zu setzen.

Plan, Hochfluten zu verhüten.

Das Werk der Verhütung der Wiederkehr von solchen Katastrophen, wie die Ohio und Indianafluten waren, wurde in Chicago am 28. März von Mitgliedern des National-Drainirungskongresses begonnen, nachdem derselbe von Präsident Wilson ein Telegram empfangen hatte. Der oberste Beamte, als Antwort auf eine Einladung, die Zusammenkunft des Kongresses vom 10. bis 12. April zu besuchen, stimmte mit den im Telegram ausgesprochenen Ideen überein, und sprach seine Hoffnung aus, daß die Beratungen der Drainirungsbehörde in einem Plan der Verhütung zum Beschluß gebracht würden.

Des Präsidenten Telegram lautete wie folgt:
Edmund T. Perkins, Vorsitzer des Exekutiv-Comites des

Nationalen Congresses, Chicago, Ill.:
Ich bedaure, daß es für mich unmöglich ist, den Sitzungen des nationalen Drainirungskongresses beizuwohnen. Die Ueberschwemmungen in Ohio und Indiana machen es klarer als irgend etwas zuvor, daß ein umfassender und systematischer Plan von Drainirung und Flußkontrolle ein dringendes und unabweisliches Erforderniß ist. Ich hoffe ernstlich, daß Ihre Beratungen uns einen guten Schritt vorwärts in dieser Richtung bringen. Genehmigen Sie meine besten Wünsche für eine erfolgreiche Beratung.

Woodrow Wilson."

Tobende Stürme

Die folgende Antwort wurde dem Präsidenten telegraphisch zugesandt.

An den Präsidenten, Weißes Haus, Washington, D. C.:

Ihre Depesche vom 27. März ist uns zugegangen. Wohl einsehend, daß Ihre Anwesenheit in St. Louis nicht tunlich ist, und voll wehmütiger Erinnerung an die entsetzlichen Ueberschwemmungen, die unser Land getroffen haben, und im Bewußtsein, daß solche Katastrophen wohl vermieden werden können, übernehmen wir die verantwortungsvolle Aufgabe, dem Volke und dem Kongreß der Ver. Staaten einen Plan vorzulegen, durch dessen Befolgung die Wiederkehr solcher leidens- und verlustreichen Ereignisse verhindert werden kann.

Drahtlose Telegraphie ein Bedürfniß.

Die Unglücksfälle in Ohio und Indiana beweisen, daß ein umfassendes System drahtloser Telegraphie ein Volksbedürfniß ist, ein System, welches sturm- und flutensicher ist und welches es nicht zuläßt, daß eine Stadt oder auch nur ein Haus von der übrigen Welt abgeschnitten ist.

Mehrere hundert Leute sind in der Bahn der vernichtenden Ströme umgekommen. Tausende sind isolirt auf Dächern, kleinen Bodenerhöhungen und Bäumen, ohne Obdach, ohne Feuer und hungrig. Ihre Freunde können ihnen kein tröstliches Wort zukommen lassen und sie können Niemand ihre Noth klagen. Aengstliches Warten und Bangen, weil man nicht gegenseitig sich eine Mitteilung zukommen lassen kann, verdoppelt die Schwere des Unglücks.

Wenn ein solches entsetzliches Ereigniß wieder das Volk treffen sollte, so sollte man darauf vorbereitet sein. Das V. St. Wetterbüreau könnte ein drahtloses System sehr gut bei seiner täglichen Arbeit gebrauchen. Das Kriegsdepartment würde ein solches System in Kriegszeiten dringend bedürfen. Wenn nicht Privatunternehmung drahtlose Telegraphie als ein der Allgemeinheit zugängliches Verkehrsmittel einführt, sollte dies die Regierung für den Fall der Not tun.

Kapitel XIX.

Was einige Kanzelredner von Unglücksfällen sagen.

Dr. J. P. Brushingham, Pastor der South Park Bischöfl. Methodistenkirche in Chicago, sagte zu seiner Gemeinde am Sonntag nach dem Tornado und der Hochflut, daß solche Unglücksfälle guten Stoff lieferten zum Nachdenken für Pessimisten, die ihr Loos für das allertraurigste hielten.

„Ich möchte die Aufmerksamkeit auf fünf Lehren lenken, die wir von den traurigen Ereignissen der vergangenen Tagen, die die ganze Nation erschreckt haben, lernen können", sagte er.

„Erstlich eine Lehre zur Zufriedenheit und Dankbarkeit. Bruder Verdießlich" und Bruder „Unzufrieden" sollten sich erinnern, daß Personen, die so gut und so schlecht sind wie sie selber, nicht bloß eine zerbrochene Fensterscheibe eingebüßt haben, sondern daß ihr Haus weggerissen wurde vom Sturm, Flut oder Feuer. Warum klagen? Du bist reicher, gesünder und glücklicher, wenn du dankbar und fröhlich bist.

Zweitens eine Lehre geheimnißvoller Vorsehung. Ich gratulire demjenigen, dem diese Ereignisse ein offenes Buch sind. Ich stehe solchem Unglück wie betäubt gegenüber und kann nur rufen: dunkles, dunkles Geheimniß.

Sind die Städte Omaha, Dayton, Peru, Columbus gottloser als die anderen unseres Vaterlandes? Sind wir Fatalisten und Türken, die da an ein Fatum glauben?

Glauben wir an die Theorie des Malthusius, daß die Vorsehung unter dem Zwang steht, und Fluten, Hungersnot, Pestilenz und den Krieg zu Hilfe nehmen müsse, damit die Menschheit sich nicht zu sehr vermehre.

Wieder sage ich: dunkles Geheimniß! Muß ich deshalb die Vorsehung Gottes leugnen? Nein, ich leugne denn Alles was ich nicht verstehe — das Blühen der Blume, und warum Gesundheit nicht ansteckend wirkt, doch eher noch als Krankheit. Wissenschaft muß nicht zurückgewiesen werden, weil sie Geheimnisse in sich birgt; ebenso wenig sollte Religion verworfen werden, weil sie Geheimnisse hat; denn Wissenschaft ohne Geheimnisse giebt es nicht und Religion ohne Geheimnisse ist ein törichtes Unding.

Drittens eine Lehre von Wohltätigkeit und Samariterliebe. Geld und Hilfsgaben sind von allen Seiten herbeigeströmt. Chicago hat nicht vergessen, was die Außenwelt zu seiner Hilfe in den schweren Tagen des Jahres 1871 getan hat. Anstatt geschlossener geiziger Hände haben wir offene mildtätige Hände gesehen. Man sagt, die Regierung solle dafür sorgen, daß solche Unglücksfälle nicht mehr vorkämen. Mag dem sein wie ihm wolle, jetzt ist die Zeit, die Todten zu begraben und den Lebenden zu helfen.

Viertens eine Lehre in Heldenmut. Nicht allein Herr Patterson ist ein großer Mann in der Handelswelt, sondern auch arme Fischer setzten ihr Leben in Gefahr, um Andere zu retten. Wir können Gott danken für jenen feinen Altruismus, der arme Menschen Gott ähnlich macht.

Fünftens eine Lehre von persönlichen religiösen Vorrechten und Verantwortung. Eine feierliche Warnung hören wir: Seid auch ihr bereit für das Ende! Durchlebt jede Stunde, als ob es die letzte wäre."

Unglück zeigt Helden.

Rev. Jenkin Lloyd Jones von der Allerseelenkirche, Chicago, ein berühmter Kanzelredner, sagte am 30. März u. A.:

„Die Geschichte von den schrecklichen Ueberschwemmungen, die über unsere Nation in diesen letzten Tagen ergangen sind, von dem Wirbelsturm in Omaha und der Wassersnot in Ohio und Indiana, zeigt, daß die militärischen Hilfsmittel in den Händen einer intelligenten Militärverwaltung von höchst wohltätigem Einfluß für das Volk sein können. Aber die traurige Lage wäre unermeßlich größer gewesen, wenn die Ertrinkenden und Hungrigen erst hätten warten müssen bis die militärisch geschulten Retter mit ihrem Mut und ihrer Hingebung ihnen Hilfe brächten."

Die Welt ist besser.

Rev. Fred. E. Hopkins sagte in der Park Manor Congreg. Kirche in Chicago:

„Es gab Feuer, Hochfluten und Stürme, ehe Jesus auf Erden kam, um uns Gott zu zeigen. Aber wir suchen in alten Dokumenten vergebens nach Schilderungen einer solchen Sympathie, wie sie sich heute zeigt. Warum? Jene waren unchristliche Zeitalter. Da gab es große Heimsuchungen, einige davon schlimmer als alles was in der vergangenen Woche geschah. Aber nur in geringem Verhältniß haben die Leute gegeben wie heute. Dies zeigt, daß die Welt mehr Sinn für des Andern Not hat.

Alles Böse kommt vom Teufel.

Rev. Frank C. Bruner von Ogden Park M. E. Kirche, Chicago sagte:

„In dem schrecklichen Ereignisse der letzten paar Tage kommen die Fragen auf: Was hat Gott mit der Fabrikation eines Tornados zu tun? Das ist angesichts der entsetzlichen Ereignisse der letzten Tage eine natürliche Frage.

Die große Wahrheit ist, daß alles Uebel vom Teufel kommt. Wenn man das große dramatische Epos von Hiob liest, wird es einem bei jedem dramatischen Akt im Drama klar, daß alles Uebel vom Teufel kommt, von welchem gesagt wird: Er gehet umher und suchet, welchen er verschlinge.

Wie aber Gott bei Hiob, der nicht von seiner Frömmigkeit ließ, Alles zum Besten wandte, so wird er es auch nach dieser Trübsal bei denen tun, die Hiob nachahmen."

Die Welt vergehet mit ihrer Herrlichkeit und Lust;
Wer aber den Willen Gottes tut bleibt in Ewigkeit.

Rasende Fluten

Welchen der Herr lieb hat, den züchtiget er. Hebr. 12:6.

Liste der durch den großen Wirbelsturm und die Hochfluten Getödteten.

Anmerkung. — Die folgenden Namen schließen alle identifizierten Todten ein, die vor Veröffentlichung der Liste gefunden wurden.

Opfer des Wirbelsturmes.

Namen der Personen, die in den furchtbaren Wirbelstürmen am 23. und 24. März 1913 umkamen.

Omaha, Nebr.

Adams, Frau H. W., 815 S. 51. Straße.
Anderson, George, 24. und Lake Straße.
Archer, C. B., 413 Farnam Str.
Babcock, ———, Säugling von Frau W. Babcock.
Barnes, B. J., 40. und Dodge Straße.
Bigelow, Frau A. H., 2527 Caß Straße.
Bleaubelt, Henry, 2912 Lake Straße.
Booler, Marie, 1414 N. 30. Str.
Bowler, Maurice, 28. und Maurice Straße.
Boyd, A. C., 21. und Clark Str.
Brooks, J. B. 501 S. 28. Str.
Cady, Clarence, 14 Jahre alt.
Cassel, Flora, 2914 Lake Straße.

Challis, H. T., 1023 N. 23. Str.
Christenson, Säugling, und 3-jährige Tochter von Maurice Christenson, 55. und Couter Straße.
Cooper, Harry, Telephondrahtspanner.
Cupla, Nelson, Kind von der Kinderrettungsanstalt.
Daniels, Cliff, seine Frau und zwei Töchter, 8 und 12 Jahre alt, 19. und Locust Straße.
Dabie, Charlotte, 4812 William Straße.
Dabey, Frau Frank, 48. und Pierce Straße.
Dabis, Frau B., 4428 Jackson Straße.
Dillon, C. W., 24. und Grant Straße.
Doyle, John, 48. und Jason Str.

Tobende Stürme

Duncan, George J., 4104 Farnam Straße.
Dunn, Paul, Neger, 28. und Patrick Straße.
Fields, Bert H., 2862 Franklin Straße.
Fields, D. L., 2908 Franklin Straße.
Fisher, William, 46. und March Straße.
Fitch, H. V., 270 Pratt Straße.
Fitzgerald, Frau Rose, 2740 N. 20. Straße.
Gardner, Len, Adresse unbekannt.
Garrison, Jason L., 2707 Corby Straße.
Glover, Lloyd, Neger, 2102 N. 27. Straße.
Goodnough, Frau F. G., 4713 Mason Straße.
Gran, Emma, 48. und Poffleton Straße.
Grah, Frau W., 4511 Mason Straße.
Grah, Frau Rose, 45. Straße und Mahberry Ave.
Grieb, Henrietta, 27. und Burdette Straße.
Grojean, F. K., 3516 Webster Straße.
Hamfet, George, 21. und Grant Straße.
Hanson, Marie, 2723 Blondo St.
Hanson, J. G., und Frau, 4690 Mahberry Straße.
Hanson, Hans und Frau, 47. und Pacific Straße.
Hensman, Frau Ellen, 1021 S. 46. Straße.
Hendrickson, Andrew, 42. und Harney Straße.
Hinz, John M., 4519 Leavenworth Straße.
Hong, Frau J. D., 3411 Cumming Straße.
Holm, Frau und Kind, 38. und Chicago Straße.
Hodges, Helen, 2926 Cah Str.
Hulting, Frl. Freda, 2633 Chicago Straße.

Jepson, Frl. Abbie, 10 Jahre alt, 48. und Mason Straße.
Zimpson, Mr., 50. und Emmet Straße.
Johnson, Frau Ella, 2015 N. 20. Straße.
Johnson, T. E., Neger, 26. und Seward Straße.
Jones, Louis, Adresse unbekannt.
Kiewe, Moore, 2522 Burdette Straße.
Kolb, Andrew R., 608 S. 43. Straße.
Kramer, Mr., Adresse unbekannt.
Krinsli, Herr und Frau und fünf Kinder, 2308 N. 24. Str.
Larsen, Nels, 522 N. 36. Str.
Labidge, Frau und zweijähriger Sohn, 369 S. 38. Straße.
Lindsey, Marie, 1413 N. 30. Str.
McBride, Mabel, 4115 Farnam Straße.
McEnroe, Patrick, 2712 N. 20. Straße.
Merkler, Fred, 56. und Jackson Straße.
Minkler, 3 Jahre alter Knabe, 56. und Jackson Straße.
Newman, William, 4124 Dewey Ave.
Newman, Frau Ida, 4224 Dewey Straße.
Neely, Jah, Grabarbeiter, an 42. und Howard Straße.
Nelson, Lee, Neger, 25. und Burdette Straße.
Nichols, Frl. Coralie, 1802 Binney Straße.
Niehart, Frau, 50. und Leavenworth Straße.
Norris, T. V., 3507 Burt Str.
Norris, Coralie, Tochter vom vorhergenannten, 3507 Burt Straße.
Nowns, Helen, 25. und Burdette Straße.
Parks, Frau Odessa, Negerin, 2310 Lake Straße.
Peck, A. J., 4117 Farnam Str.
Price, Earl, 1615 California St.

Rathleh, Mary, 60. und Grover Straße.
Rathleh, Clarence, 60. und Grover Straße.
Rathleh, Victor, 60. und Grover Straße.
Rileh, Samuel, Adresse unbekannt.
Roesing, Emma, 12 Jahre alt, 27. und O Straße, S. Omaha.
Roxie, Herr, 42. und Howard Straße.
Ryan, John, 3414 Cumming St.
Ryan, John Francis, 11 Jahre alt, 3844 Franklin Straße.
Sabor, Frau T., 32. und Charles Straße.
Sawyer, Frau E. A., 34. Str. und Lincoln Boulevard.
Shaw, E. A., 422 Howard Str.
Sherwood, ——, Kind, 3611 California Ave.
Shimer, Cassius, Jr., 116 S. 42. Straße.
South, Charles, 24. und Blondo Straße.
Stanley, A. B., Jr., 1716 N. 28. Straße.
Strickmitter, 4402 Jackson Str.
Sulliban, Frau Julia, 42. und Harney Straße.
Thelma, Kind, 2 Jahre alt, von der Kinderrettungsanstalt.
Vandeban, Frau N. N., 3218 Charles Straße.
Warbel, Solomon, 2308 N. 24. Straße.
Weels, Ernest, 2127 N. 28. Str.
Wiesen, C. J., 3216 Lincoln Boulevard.

Ralston, Nebr.

Garrison, Jason L., 2707 Corby.
Hansen, Frau, Mutter von Hans Hansen; Leiche gefunden an 48. und March Straße; verbrannt.
Kimball, Frau Edith, 29 Jahre alt, Winnipeg.

Kimball, Frances, 2 Jahre alt.
Kiene, Morris, 2522 Burdette.
Morgan, Mary, 15 Jahre alt, Tochter von Arthur Morgan.
Mote, Frau Ed.
McDonald, J. J.
Rathle, Frau ——, und zwei Söhne, 11 und 13 Jahre alt; Leiche gefunden an 60. und Grover.
Said, H. F., Polirer in der Howard Stobe Fabrik.
Said, Frau H. F.
Unkenntliche Frau.

Yutan, Nebr.

Babcock, Frau Will., und kleine Tochter.
Gilfter, Frau ——.
Hammond, Herr und Frau A. N., und kleiner Sohn.
Ohm, ——, Kind von Herrn und Frau Fred Ohm.
Scheele, Henry.
Starman, Herman, Postmeister.
Steinbaugh, Frau W. H., und Kind.

Council Bluffs, Iowa.

Johnson, Herr und Frau ——.
Johnson, ——, Säugling von Herrn und Frau Johnson, wird vermißt.
Norgard, ——, Kind von Frau Bert Norgard.
Poole, Frau William.
Rice, James H., und Frau.
Rice, Margaret, 3 Monate alt.
Schulte, John, und Frau.
Unbekannte Frau, an Donsville Kreuzung.

Weston, Iowa.

Swinerman, Frau Joseph.
Thomas, Frau Lon.

Tobende Stürme

Neola, Jowa.

Hopper, zwei junge Töchter vom Herrn und Frau Lee Hopper.
Jones, Frau Edward.

Glenwood, Jowa.

Lambert, Frau Edward.
Lambert, Desha, 12 Jahre alt.
Meritt, Clyde, 22 Jahre alt.
McDonald, Herr u. Frau James.

Terre Haute, Ind.

Brown, James H., Sr., 57 Jahre alt.
Carter, Moses, Frau und Kind.
Davis, Frau Ida, 25 Jahre alt.
Edwards, Clandis, 8 Jahre alt.
Griffin, Frau Belle, Gardentown, 40 Jahre alt.
Griffiths, 55 Jahre alt; gestorben im Hospital.
Houts, Joseph, 30 Jahre alt.
Houts, Brhan Leslie, 12 Jahre alt.
King, Frau Clara, und kleine Tochter Helen.
Matherly, William, 45 Jahre alt, Gardentown.
McGuire, Allan, Evansville, Ind.
Moore, Dr. Ernest L., 63 Jahre alt.
Meyers, John E., Jr., 18 Jahre alt.
Rogers, Alexander.
Tulleh, Frl. Hannah, 55 Jahre alt.
Watts, Albert, 40 Jahre alt, Oblong, Jll.
Unbekannter Junge: gestorben im Hospital.

St. Joseph, Mo.

Armfield, Herr und Frau Luther; verbrannt in den Ruinen seines Heims.
Reed, ——, Farmarbeiter.

Erie, Jll.

Ellison, Lulu, 19 Jahre alt.

Berlin, Nebr.

Brandt, Frau ——.
Koch, Herr und Frau Henry.
Koch, Albert, 15 Jahre alt.
Koch, John, 9 Jahre alt.
Tiede, Sylvia.
Unbekannter Mann, Eisenbahnarbeiter.

Frankfort, Ind.

Rothenberger, Rah, 20 Jahre alt.
Rothenberger, Roscoe, 18 Jahre alt.

Burlington, Ind.

Garrison, Wallace.

New Castle, Ind.

Wagner, John.

Chicago, Jll.

Becher Frank, Drahtspanner bei der Cosmopolitan Electric Co.; fiel 40 Fuß vom Pfosten an 46. und South Ashland Abe.; sofort getödtet.
McDermott, Drahtspanner für die Public Service Co., vom elektrischen Schlag getroffen.
Rodgers, C. W., Bremser, von Fond du Lac, Wis.
Sheridan, Frank, Bremser, von Fond du Lac, Wis.
Slocombe, Oslo, 12 Jahre alt, 31 N. Sawher Abenue.
Ywanowicz, Thomas, 1453 Redfield Str., getödtet vom herabfallenden elektrischen Draht hinter seinem Hause.

Liste von Opfern der Ueberschwemmungen.

Dayton, Ohio.

Abel, Frau Lucy, 50 Jahre alt.
Bish, Frau, 65 Jahre alt.
Bish, Florence, 27 Jahre alt.
Bish, Viola.
Bish, Frau Muriel.
Blitz, George.
Bond, Frau, Tochter von Frau Schmidt.
Collins, Frau, und Kind.
Clemenceau, Frau.
Clouser, Frau Marie.
Damsell, Edwin D.
Copp, Smiley, Jr.
Ditz, Alma.
Ditz, Hilda.
Duern, Carl.
Eidman, Lillie, 31 Jahre alt, Bolton Straße.
Eiderman, Ethel.
Flynn, Johnny, Laufjunge im Algonquin Hotel.
Ford, Alexander.
Goetchall, Herr.
Goetchall, Frau.
Guh, Wm.
Gore, A. C.
Hadlins, John, National Guardsman.
Haberstick, J. N., Bell Telephon-Geschäftsführer.
Haupt, L. C., Polizeimann
Haupt, Frau.
Haupt, drei Kinder.
Hawkins, Frau.
Hosah, James, Milizsoldat.
Jarker, John F.
Knee, Frau Olive.
McConnell, John Neger.
Mergenthaler, George.
Moseley, Bessie, Negerin.
Montgomery, George.
Parker, Charles, Leihstallmann.

Richardson, George.
Saetiel, Anton, Grocerybesitzer, Vine nahe Main Straße.
Saetiel, Frau.
Schmidt, Frau.
Slat, Arthur.
Schuntz, Frau Carrie.
Snyder, Ho.dard.
Snyder, Virginia.
Tree, Mrs.
Vinglin, Frau Lillian, 44.
Wallace, Jesse, Seattle.
Willett, Ollie, Polizist.

Columbus, Ohio.

Becker, Walter.
Becker, Frau Walter.
Black, Frau L. H.
Briggs, Mert, Briggsdale.
Coglin, M. C. St. Hospitalwärter.
Coconese, Antonio.
Cool, Frau George, und Kind.
Cooper, Frau James, und zwei Kinder.
Doty, Herr und Frau W. A., 1098 Bellebue Abe.
Eckert, George, Frau und sieben Kinder.
Evans, William, Staats-Hospitalwärter.
Foby, Frank, Frau und mehrere Kinder.
Ford, Charles, Frau und vier Kinder.
Ford, Sam, 337 South Glenwood Abe.
Garfield, Frau Sadie.
Gaben, Gus.
Gore, Albert C., 286 State Str.
Greenlee, Frau.
Griffins, Herr und Frau, und sieben Kinder, Maple Straße.

Tobende Stürme

Hartley, Herr und Frau, und Sohn Forest.
Hammerstein, Frau Henry.
Hayes, E. M.
Hayes, Frau E. M.
Heet, Charles B., und Frau, 100 West Chapel.
Heir, John, Frau und Kinder.
Hambleton, John, 62 Sonder St.
Hazlett, Claud.
Hollobough, Frau.
Houbid, Herr und Frau.
Hughes, David, 282 West State Straße.
Huston, C. H.
Jewett, Don, Bremser, Etowah, Tenn.
Kanney, Frank.
Ketcham, John und Frau.
Keys, Frau.
Kinney, Samuel.
Lewis, E. B., Herausgeber des Columbus Socialist, und Frau.
Marland, Frau James, 318 West Goodale Straße.
Mashen, H. O.
Mashen, Frau H. O.
McDoneau, Frau William, und vier Kinder.
McDonald, Herr und Frau.
McDonough, Thomas W., 151 Chicago Avenue.
McDonaugh, Frau William, und vier Kinder.
McNerney, Frau Delia, 257 S. High Straße.
Mack, Norman, Mutter und zwei Schwestern.
Miller, Frau Mary.
Mix, William, Frau und vier Kinder.
Nicolson, drei Kinder von Frau Arthur Nicolson, 434 Glenwood Avenue.
Preston, Howard.
Randal, Jacob, Staats-Hospitalwärter.
Rear, Johnson und Lester.
Rice, Frau, Tochter und kleines Kind.
Ricosen, Kenneth, Frau und Kinder.
Rice, John, und Familie, 926 Sullivan Avenue.
Reef, Sam, Chicago Ave.
Ryerson, Curtis, Frau und Kinder.
Royher, Herr und Frau, 590 W. State Straße.
Sager, Carl, und Frau.
Sandusky, E. H.
Sappler, Herr und Frau John, 38 May Straße.
Scobill, Frau Sarah.
Sexton, W. A., Prüfungsbeamter.
Sorella, Sarah.
Shoub, E. M.
Shipling, Herr und Frau.
Stotler, John und Frau, 35 W. Main Straße.
Taylor, Frau und Säugling.
Toy, Frau O. C.
Troubly, Frl.
Tucker, Herr und Frau.
Turney, Cleve, 355 South Glenwood Ave.
Underwood, Sohn und Tochter von Charles W.
Underwood, Herr und Frau, und vier Kinder.
Ways, Herr und Frau John, und fünf Kinder, Cable Ave.
Wright, Frau Rhoda K.
Weethe, Hannah.
Weisenganger, Arnold.
Ganze Familien an 446 bis 452 Center Straße, ein Häusergebiert westlich vom Riber.
Sieben Leichen gefunden in einem Hause an Sullivan Avenue. Leiche eines kleinen Kindes in einem Baum gefunden.
Unbekannte Frau fiel vom Baum, von welchem sieben gerettet wurden.
Unbekannter Mann todt gefunden im Heim von Fred E. Wright, 259 Souder Ave.

Unbekannter Mann, 55, dunkles Haar, Warze an der Nase; gefunden an Sheridan und Sandusky Straße.

Unbekannter Mann gefunden in einem Baum an Glenwood u. Thomas Ave.

Zwei unbekannte Frauen gefunden auf dem Jackson Pike.

Neun Leichen, gefunden an verschiedenen Plätzen, jetzt im Staats-Institut für schwachsinnige Jungen.

Frau und Kind todt in einem Baum an Princeton und Sullivan Ave. festgebunden.

Sieben Leichen in einem Hause an Chyreß und Sullivan Ave.

Kind todt in einem Baum in Carpenter Straße, nahe Chypreß.

Frau und Mädchen, Leichen in der Leichenhalle, 11 W. Town Straße.

Frau in einem Hause an Sandusky Straße.

Delaware, Ohio.

Jones, Frau Sam.
Jones, Frl. Ethel.
Bills, Frau.
Bills, ——.
Bills, drei Kinder.
Dunlap, Frau Hazel, 22 Jahre.
Fielding, William.
Hesseh, William.
Maine, James, 60 Jahre alt.
Melching, K. M.
Melching, Frau K. M., und sieben Melching Kinder.
Milligan, ——.
Milligan, Frau.
Milligan, Kind.
Smith, Frau Silas.
Smith, drei Kinder.
Slosson, Frau.

Troh, Ohio.

Jones, Frau 60 Jahre alt.
Jones, Reuben, 30, Frau und drei Kinder.
Moch, Frau Aaron, und Kind.
Pearson, Martha, 70 Jahre alt.
Stony, Kind, 6 Monate alt; todt an Erschöpfung.
Van Tile, Henry, 70 Jahre alt.
Van Tile, George.
Van Tile, Frau.
Van Tile, drei Kinder.
Unbekannter Mann, Frau und zwei Kinder.
Unbekannter Vagabund.
Fünf unbekannte Neger.
Unbekannte Frau bei Jones Familie.

Piqua, Ohio.

Dicker, Albert.
Cruz, Elizabeth.
Dillon, Frau Caroline.
Billiard, James.
Holdudorf, Frau Louise.
Jamison, C. B.
Kams, Isaac.
Reiber, John.
Schlosser, George.
Suble, George.
Thomas, Frl. Eva.
Ward, J. C.
Wolfert, Frau Sarah.

Akron, Ohio.

Knaarh, John, Kutscher.
McAlbine, B., Drahtspanner, vom elektr. Strom getödtet.
Newman, Edward.
Sell, Milton E.
Unerkanntes Kind.
Unerkannter Mann, Ausländer.

Zanesville, Ohio.

Carr, John.
Carr, Frau John, und drei Carr Kinder.
Unerkannter Mann, Frau und Kind.

Hamilton, Ohio.

Jutzi, Leon.
McRoberts, N. C., Kind.
Schalschneider, Henry.
Schalschneider, Frau Henry und drei Kinder.

Brighton, Ohio.

Burr, Fred, von Massillon, in Fluttrümmern gefunden.
Dike, George, von Toledo, in Fluttrümmern gefunden.
Shanllin, Wm., von Massillon, in Fluttrümmern gefunden.

Tiffin, Ohio.

Knecht, Jacob, und Familie von acht.
Klingshirn, George, und Familie von vier.

Pine Fork, Ohio.

DeVille, Barney, ertrunken in seinem Helm.

Toledo, Ohio.

Gilman, William S., Wächter; ertrunken in Maumee Fluß.

Struthers, Ohio.

Parsing, Stanley, Knabe; ertrunken im Fluß.

Fremont, Ohio.

Floerro, Isaac, von Port Clinton; ertrunken bei Rettungsarbeit.

Lowellville, Ohio.

Bunn, James, fiel aus dem Boot und ertrank.

Smithville, Ohio.

Erbe, Frank, fiel in den Keller und ertrank.

Funk, Ohio.

Riddle, John, Boot umgeschlagen, ertrunken.

Fremont, Ohio.

Saller, Frank, 21 Jahre alt.

Mansfield, Ohio.

Wife, Howard, Kind.

Baddow Paß, Ohio.

Workman, ——.
Workman, Frau ——, und Kind.

Mansfield, Ohio.

Kuenzli, Fred.

Wayne County.

Erb, Frank, Smithville,

Youngstown, Ohio.

Corsing, Stanley.
Gunn, James.

Barberton, Ohio.
Neuman, John.

Peru, Ind.

Bender, Fred W.
Butler, William S.
Douglas, Charles E.
Haagland, Orville.
Harthroad, Lewis.
Hiers, Elbert.

Hosman, Frau James.
Lobett, Bessie.
Mahs, Reb.
Miller, Frank E.
McCurdy, Thomas.
Propfck, Thomas.
Sand, Charles.
Smith, Frau Elsie.
Stettler, Clinton.
Stettler, Frau Rose.
Smith, Bert.
Strumm, Frau Frances.
Vollmar, Daniel.
Whittle, Frau Rose.

Indianapolis, Ind.

Morris, William, Frau und zwei Kinder, ertrunken.
Unbekannte Frau, starb nach ihrer Rettung in der Kirche.
Familie, Vater, Mutter und vier Kinder, todt im Hause an Morris Str.; unmöglich die Leichen zu bergen.

Fort Wayne, Ind.

Cramer, Esther, 14 Jahre alt.
Madden, Alice, 14 Jahre alt.
Monnett, Peter G.
Wood, Arda, 15 Jahre alt.
Wife, Kittie, 7 Jahre alt.

Brookville, Ind.

Buckingham, Frl. Sophia.
Bunz, Frau William, Sr.
Colebank, Frl. Mary.
Freis, John, Frau und zwei Kinder.
Freis, Frau Anthony.
Lansing, Joseph, Frau und Kind.
Sears, Frau Robert und zwei Kinder.

Logansport, Ind.

Maxwell, Luther.
Wentziel, Emil.

Lafayette, Ind.

Woolery, Leland L., Student der Purdue Universität.

New Trenton, Ind.

Brown, Lewis.
Brown, Frau Lewis, und drei Kinder.

South St. Louis, Mo.

Roß, William J.